CorelDRAW X6
服装设计标准教程

丁雯◎主编　丁莺　郭莉◎副主编

人民邮电出版社
北京

图书在版编目（CIP）数据

CorelDRAW X6服装设计标准教程 / 丁雯主编. -- 北京：人民邮电出版社，2015.8（2019.7重印）
ISBN 978-7-115-39636-5

Ⅰ. ①C… Ⅱ. ①丁… Ⅲ. ①服装设计—计算机辅助设计—图形软件—教材 Ⅳ. ①TS941.26

中国版本图书馆CIP数据核字(2015)第136508号

内 容 提 要

本书将 CorelDRAW 软件的应用与服装及其配饰的设计及表现结合在一起，是一本介绍 CorelDRAW 软件在服装设计领域中应用的教程。

全书共分为 8 章，第 1 章为 CorelDRAW X6 简介，主要介绍了 CorelDRAW X6 的工作界面、工具栏和菜单栏等；第 2 章为服装色彩设计基础，主要介绍了色彩的基本原理及服装色彩搭配设计等；第 3 章为服装款式的设计及表现，主要介绍了服装零部件设计以及各式男装、女装、童装和针织服装等款式的设计及表现方法；第 4 章为服饰图案的设计及表现，主要介绍了印花图案、徽章图案、绣花图案、扎染图案、针织图案和烫钻图案等各种服饰图案的设计及表现方法；第 5 章为服装面料的设计及表现，主要介绍了牛仔面料、灯芯绒面料、针织面料、蕾丝面料、网纱面料、条格面料、皮革面料和粗花呢面料等各种面料的设计及表现方法；第 6 章为服装辅料的设计及表现，主要介绍了织带、纽扣、拉链、珠片、花边和吊牌等各种辅料的设计及表现方法；第 7 章为服饰配件的设计及表现，主要介绍了包袋、腰饰、围巾、帽子、鞋子和首饰等各种服饰配件的设计及表现方法；第 8 章为时装画的技法与表现，主要介绍了如何绘制时装画。

随书光盘附赠典型案例制作过程的多媒体教学视频，以及所有案例的矢量效果图文件、服饰配件文件和印花图案素材文件。

本书内容全面，实例丰富，可作为服装院校设计专业及服装职业培训班的教材，也可作为服装设计从业人员和服装设计与制作爱好者的参考书。

◆ 主　　编　丁　雯

　　副主编　丁　莺　郭　莉

　　责任编辑　杨　璐

　　责任印制　程彦红

◆ 人民邮电出版社出版发行　　北京市丰台区成寿寺路 11 号

　　邮编　100164　　电子邮件　315@ptpress.com.cn

　　网址　http://www.ptpress.com.cn

　　北京捷迅佳彩印刷有限公司印刷

◆ 开本：787×1092　1/16

　　印张：15.5

　　字数：420 千字　　　　　　　　2015 年 8 月第 1 版

　　印数：7 101–7 700 册　　　　　2019 年 7 月北京第 10 次印刷

定价：39.80 元（附光盘）

读者服务热线：(010)81055410　印装质量热线：(010)81055316
反盗版热线：(010)81055315
广告经营许可证：京东工商广登字 20170147 号

在服装设计中，CorelDRAW 是被广泛应用的软件之一。本书的作者一直使用着 CorelDRAW 从事着服装教学和服装产品设计两方面的工作。通过本书，把自己在教学与实践相结合的过程中总结的一些专业实践经验和电脑操作技巧分享给广大读者。

本书内容

本书是一本介绍 CorelDRAW 软件在服装设计领域中应用的教程。全书共分为 8 章：

第 1 章，CorelDRAW X6 简介，主要介绍了 CorelDRAW 的工作界面、工具栏、菜单栏等；

第 2 章，服装色彩设计基础，主要介绍了色彩的基本原理及服装色彩搭配设计等；

第 3 章，服装款式设计，主要介绍了服装零部件设计，以及各式男装、女装、童装、针织服装等款式的设计及表现方法；

第 4 章，服饰图案的设计及表现，主要介绍了印花图案、绣花图案、扎染图案、针织图案、烫钻图案等各种服饰图案的设计及表现方法；

第 5 章，服装面料的设计及表现，主要介绍了牛仔面料、灯芯绒面料等各种面料的设计及表现方法；

第 6 章，服装辅料的设计及表现，主要介绍了织带、纽扣、拉链、珠片、花边、服装吊牌等各种辅料的设计及表现方法；

第 7 章，服饰配件的设计及表现，主要介绍了包袋、腰饰、围巾、披肩、帽子、鞋子、首饰等各种服饰配件的设计及表现方法；

第 8 章，时装画的技法及表现，主要介绍了如何绘制时装画。

本书最后还有一个附录，标明了服装各个部位的名称。

本书特点

● 完善的学习模式

"软件基础 + 服装专业知识 + 案例讲解 + 本章小结 + 练习与思考" 5 大环节保障了可学习性。详细讲解操作步骤，力求让读者即学即会。

● 案例式讲解模式

71 个针对性典型案例，让读者掌握服装设计知识，并能够熟练用软件辅助设计工作，提高实际应用的能力。

配套资源

● 光盘教学视频

收录典型案例绘制过程的多媒体教学视频，呈现了服装式设计与制作的方法与技巧，利于提高读者的实际应用能力。

● 教学辅助素材

附赠所有案例的矢量效果图文件、服饰配件文件和印花图案素材文件，便于读者跟随书中的案例进行训练，边学边做，同步提升操作技能。

由于编写水平有限，书中难免有错误和疏漏之处，衷心希望服装专业教师、设计人员、同行、专家和广大读者批评、指正，以便进一步完善和提高。

编者

▶▶ 目　录

第 **1** 章

CorelDRAW X6 简介

CorelDRAW是加拿大Corel公司研制开发的矢量图形图像编辑处理制作工具软件，是目前世界上使用最广泛的平面设计软件之一。CorelDRAW X6是一个专业的图形设计软件，对于服装设计中的款式设计、图案设计、面料设计以及时装效果图的表现等都能发挥重要的作用。

1.1 启动 CorelDRAW X6

CorelDRAW X6的工作界面简单明了。单击Windows XP系统的【开始】/【所有程序】/【CorelDRAW Graphics Suite X6】/【CorelDRAW X6】命令，启动CorelDRAW X6程序。进入CorelDRAW X6界面后，会显示图1-1所示的欢迎窗口。

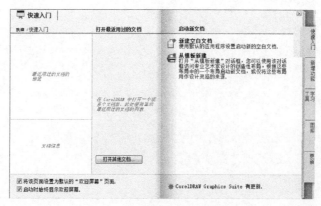

图 1-1

欢迎界面提供"快速入门"、"新增功能"、"学习工具"、"图库"、"更新"5个标签，用户可以在这5个标签中进行新建文件、观看教学视频、打开网络图库等操作。

▶▶ 1.1.1 "快速入门"标签

在默认打开的"快速入门"标签中提供一些启动程序时常用的操作快捷命令，包括新建空白文档、打开文件和从模板新建等命令。

● 新建空白文档：单击页面右边的"新建空白文档"文字链接，弹出"创建新文档"对话框，单击"确定"按钮，即可进入到CorelDRAW X6的工作界面，并自动创建一个默认A4大小的绘图页面，如图1-2所示。

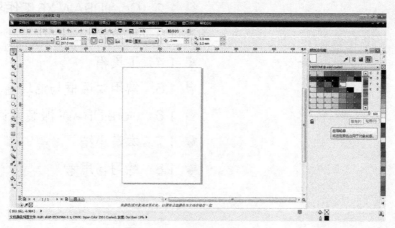

图 1-2

● 打开文件：如果已经在CorelDRAW X6软件中进行过文档编辑并执行了保存操作，那么页面左边将自动显示最近编辑过的文件名称；移动鼠标到文件名称上，可以在左边的空白处预览该文件的图形内容，如图1-3所示。

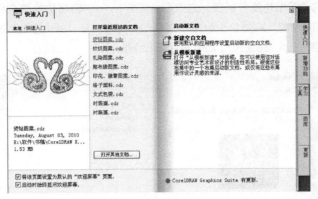

图 1-3

单击"打开其他文档"按钮，可以弹出"打开绘图"对话框，选择所需要的文件单击"打开"按钮即可打开文件，如图1-4所示。

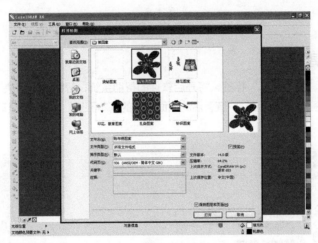

图 1-4

● 从模板新建：通过CorelDRAW X6提供的图形模板，用户可以选择多个专业的设计模型，如图1-5所示。在模板的图形基础上开始新的绘图，可快速地完成规范、完善的图形项目操作。

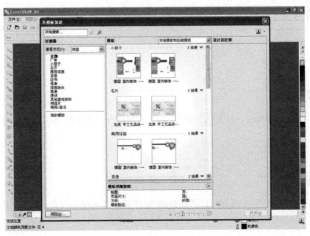

图 1-5

▶▶ 1.1.2 "新增功能"标签

单击欢迎窗口右边的"新增功能"标签,进入CorelDRAW X6新增功能的介绍页面,在其中可以查看CorelDRAW X6中新增加的功能,如图1-6所示。CorelDRAW X6在"更快速更高效地创作""轻松创建布局"和"让设计尽显风格与创意"三个方面进行了功能的完善和增强。

图 1-6

▶▶ 1.1.3 "学习工具"标签

单击欢迎窗口右边的"学习工具"标签,将开启软件的帮助系统,帮助用户解决软件使用中的问题。如图1-7所示,包括"视频教程""指导手册""查看活动页面布局的基本原理""提示与技巧/历史记录"等操作范例的解析和编辑技巧的提示。

图 1-7

▶▶ 1.1.4 "图库"标签

单击欢迎窗口右边的"图库"标签,可以查看在CorelDRAW Graphics Suite X6中创作的设计作品,如图1-8所示。

▶▶ 1.1.5 "更新"标签

单击欢迎窗口右边的"更新"标签,可使用更新功能对使用的CorelDRAW产品进行更新,如图1-9所示。

图 1-8

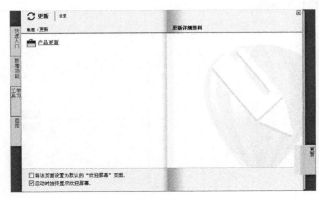

图 1-9

1.2 CorelDRAW X6 工作界面

CorelDRAW X6 工作界面包括以下几大部分：标题栏、菜单栏、标准工具栏、属性栏、工具箱、状态栏、调色板、标尺、绘图页、绘图窗口、泊坞窗、导航器等。

● 标题栏：CorelDRAW X6 程序最上方的是标题栏，显示当前应用程序的名称和正在编辑的文档名称，如图 1-10 所示。

图 1-10

● 菜单栏：标题栏下面就是菜单栏，如图 1-11 所示，提供了 12 个菜单项。

图 1-11

● 标准工具栏：菜单栏的下方是标准工具栏，如图 1-12 所示，为用户提供了各种常用的命令按钮。

图 1-12

● 属性栏：工具栏的下方是属性栏，如图 1-13 所示，当用户选择不同的工具或操作对象时，属性栏显示的内容会发生相应的变化。

图 1-13

- 工具箱：系统默认工具箱在程序窗口的左面竖向排列，如图1-14所示。工具箱中是经常使用的编辑、绘图工具，并将近似的工具归类组合在一起。
- 状态栏：状态栏位于工作区的下方，显示当前工作区中正在编辑或被选中对象的相关信息，如图1-15所示。

图 1-15

- 调色板：调色板位于工作区的右面竖向排列，如图1-16所示，系统默认使用的是CMYK调色板。单击可以快速选择轮廓色和填充色。
- 标尺和绘图页：标尺是帮助精确地绘制、缩放和对齐对象的参考辅助工具，绘图页面是用于绘制图形的区域，如图1-17所示。

图 1-14

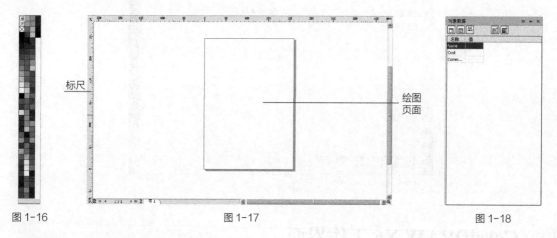

图 1-16   图 1-17   图 1-18

- 绘图窗口：是指绘图页面以外的区域。
- 泊坞窗：可以设置显示或隐藏具有不同功能的控制面板，方便用户操作，图1-18所示的是"对象数据管理器"泊坞窗。
- 导航器：工作区左下角和右下角分别是页面导航器和对象导航器，导航器可以进行多页文档的管理且迅速找到绘图窗口外的对象，如图1-19所示。

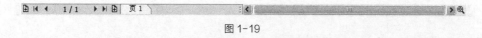

图 1-19

在CorelDRAW X6中还允许用户自定义设置菜单、工具箱、工具栏及状态栏等。执行菜单栏中的【工具】/【自定义】命令，然后在"选项"对话框中进行相关项的设置，如图1-20所示。

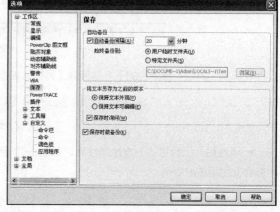

图 1-20

1.3 菜单栏

CorelDRAW X6提供了12个菜单选项，下面分别介绍各个菜单选项的主要功能。

1. 文件菜单

文件菜单中的命令是CorelDRAW X6中最常用的，如文件的新建、打开、保存、导入、导出、打印、退出等命令，菜单展开后的各项命令如图1-21所示。

2. 编辑菜单

编辑菜单提供如复制、剪切、粘贴、删除、撤消移动、重复移动、再制、克隆等命令，菜单展开后的各项命令如图1-22所示。

3. 视图菜单

视图菜单提供多种视图的显示模式，如简单线框、线框、草稿、正常、增强、模拟叠印等模式，菜单展开后的各项命令如图1-23所示。

图 1-21

图 1-22

图 1-23

4. 布局菜单

布局菜单用来设置页面大小、页面背景、插入页等，菜单展开后的各项命令如图1-24所示。

5. 排列菜单

排列菜单提供对象的各种排列功能，如变换、对齐和分布、顺序、合并、造形等，菜单展开后的各项命令如图1-25所示。

6. 效果菜单

效果菜单提供调整、变换、调和、封套、图框精确剪裁、复制效果、克隆效果等功能，菜单展开后的各项命令如图1-26所示。

7. 位图菜单

位图菜单可以进行简单的图片处理，提供了如三维效果、艺术笔触、模糊、相机、创造性等点阵图处理套件，菜单展开后的各项命令如图1-27所示。

图 1-24

图 1-25

图 1-26

8. 文本菜单

文本菜单可以创建任何形式的美术字文本或段落文本，菜单展开后的各项命令如图 1-28 所示。

9. 表格菜单

表格菜单可以修改表格中行、列的属性，菜单展开后的各项命令如图 1-29 所示。

图 1-27

图 1-28

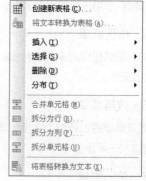

图 1-29

10. 工具菜单

工具菜单管理着CorelDRAW中绝大部分泊坞窗的显示或隐藏，其中包括对象管理器、视图管理器、颜色样式、调色板编辑器等，菜单展开后的各项命令如图1-30所示。

11. 窗口菜单

窗口菜单提供各种窗口的排列显示方式以及泊坞窗、调色盘、工具栏的显示或隐藏，菜单展开后的各项命令如图1-31所示。

12. 帮助菜单

帮助菜单提供CorelDRAW的新增功能介绍、帮助以及关于CorelDRAW会员资格等，菜单展开后的各项命令如图1-32所示。

图 1-30

图 1-31

图 1-32

1.4 工具箱

CorelDRAW X6中的工具箱包含有19种工具（组），下面分别介绍各种工具的用途。

1. 选择工具组

（1）选择工具：用来选择对象和设置对象大小，以及倾斜和旋转对象。选择时可以点选，也可以拖动鼠标框选多个对象。

（2）手绘选择工具：用来选取、框选对象，以及定位并变换对象。

2. 形状工具组

（1）形状工具：选择、编辑对象的形状、节点，以及调整文本的字、行间距。

（2）涂抹笔刷工具：沿矢量对象的轮廓拖动对象而使其变形，并通过将位图拖出其路径而使位图变形。

（3）粗糙笔刷工具：单击对象并拖动鼠标可在对象上应用粗糙效果。

（4）自由变换工具：使用自由旋转、角度旋转、缩放和倾斜来变换对象。

（5）涂抹工具：沿对象轮廓拖动工具来修改其边缘。

（6）转动工具：通过沿对象轮廓拖动工具来添加转动效果。

（7）吸引工具：通过将节点吸引到光标处调整对象的形状。

（8）排斥工具：通过将节点推离光标处调整对象的形状。

3. 裁剪工具组

（1）裁剪工具：剪切图形对象，移除选定内容外的区域。

（2）刻刀工具：可以将对象分割成多个部分，但不会使对象的任何一部分消失。

（3）橡皮擦工具：移除绘图中不需要的区域，可以改变、分割选定的对象和路径。

（4）虚拟段删除工具：剪切图形对象。

4. 缩放工具组

（1）缩放工具：缩小和放大图形。

（2）平移工具：通过平移来显示和查看绘图的特定区域。

CorelDRAW还提供了另外两种移动视图的方式。

① 用【Alt】键+方向键。

② 用视图移动工具，在工作区右下角两个滚动条交汇的地方，按住小方块拖动鼠标。

5. 手绘工具组

（1）手绘工具：徒手绘制单个的线段或曲线，配合压感笔效果更好。

（2）2点线工具：连接起点和终点绘制一条直线。

（3）贝塞尔工具：通过调整曲线、节点的位置、方向及切线来绘制精确光滑的曲线。

（4）艺术笔工具：可以选择使用笔刷、喷射、书法和压力工具。笔刷图案可以根据曲线的变化而改变，线条的粗细支持压感。

（5）钢笔工具：通过定位节点或者调整节点的手柄来绘制折线和弧线。

（6）B-Spline工具：通过设置不用分割成段来描绘曲线的控制点来绘制曲线。

（7）折线工具：在预览模式下绘制直线和曲线。

（8）3点曲线工具：通过定位起始点、结束点和中心点来绘制曲线。

6. 智能填充工具组

（1）智能填充工具：将填充应用到任一闭合区域，可检测到区域边缘并创建闭合路径。

（2）智能绘图工具：将手绘笔触转换为基本形状或平滑的曲线。

7. 矩形工具组

（1）矩形工具：通过先后定位任意一条对角线的两个节点来绘制矩形（按住【Shift】键拖动鼠标，所画的矩形会以起始点为中心。按住【Ctrl】键拖动鼠标可以绘制正方形）。

（2）3点矩形工具：通过确定基线和高度绘制矩形。

8. 椭圆形工具组

（1）椭圆形工具：通过定位中心线和高度绘制椭圆，或者按住【Ctrl】键拖动鼠标绘制圆形（按住【Shift】键拖动鼠标，所画的图形会以起始点为中心）。

（2）3点椭圆形工具：通过确定基线和高度绘制椭圆。

9. 多边形工具组

（1）多边形工具：绘制对称多边形。边数越多越趋近于圆形。

（2）星形工具：绘制无交叉边的星形、丝带对象和爆炸形状。

（3）复杂星形工具：绘制有交叉边的星形。

（4）图纸工具：绘制类似表格的网状线。

（5）螺纹工具：绘制矢量对称式螺旋纹或对数式螺旋线。

10. 基本形状工具组

（1）基本形状工具：绘制平行四边形、梯形、三角形、基本形状图形等，单击属性栏中的"完美形状"按钮，将弹出图库中的各种形状，如图1-33所示。

（2）箭头形状工具：绘制各种形状、方向以及不同头数的箭头，单击属性栏中的"完美形状"按钮，将弹出图库中的各种箭头，如图1-34所示。

（3）流程图形状工具：绘制流程图符号，单击属性栏中的"完美形状"按钮，将弹出图库中的各种流程图形状，如图1-35所示。

图1-33   图1-34   图1-35

（4）标题形状工具：绘制标题形状符号，单击属性栏中的"完美形状"按钮，将弹出图库中的各种标题形状，如图1-36所示。

（5）标注形状工具：绘制标注和标签，单击属性栏中的"完美形状"按钮，将弹出图库中的各种标注形状，如图1-37所示。

图1-36   图1-37

11. 文本工具

文本工具：选择文字工具之后单击工作区，然后输入文字，即可生成美术字。选择文字工具之后用鼠标在工作区内画文本框，然后进行输入，可以生成段落文本。

12. 表格工具

表格工具：可以创建新表格、将文本转换为表格，还可以直接插入表格。

13. 平行度量工具组

（1）平行度量工具：绘制倾斜度量线。

（2）水平或垂直度量工具 ：绘制水平或垂直度量线。

（3）角度量工具 ：绘制角度量线。

（4）线段度量工具 ：显示单条或多条线段上结束节点间的距离。

（5）3点标注工具 ：使用两段导航线绘制标注。

14. 直线连接器工具组

直线连接器
直角连接器
直角圆形连接器
编辑锚点

（1）直线连接器工具 ：在两个对象之间画一条直线连接两者。

（2）直角连接器工具 ：画一个直角连接两个对象。

（3）直角圆形连接器工具 ：画一个角为圆形的直角连接两个对象。

（4）编辑锚点工具 ：修改对象的连线描点。

15. 调和工具组

调和
轮廓图
变形
阴影
封套
立体化
透明度

（1）调和工具 ：向内或向外调和两个对象。

（2）轮廓图工具 ：可以向内或向外创建出对象的多条轮廓线。

（3）变形工具 ：对对象应用推拉变形、拉链变形或扭曲变形。

（4）阴影工具 ：产生各种类型的阴影效果。

（5）封套工具 ：拖动封套上的节点使对象变形。

（6）立体化工具 ：为对象添加产生细腻变化的阴影，制作三维立体效果。

（7）透明度工具 ：改变对象填充颜色的透明程度，创建独特的视觉效果。

16. 颜色滴管工具组

颜色滴管
属性滴管

（1）颜色滴管工具 ：对颜色进行取样，并将其应用到对象。

（2）属性滴管工具 ：复制对象属性，如填充、轮廓、大小和效果，并将其应用到其他对象。

轮廓笔   F12
轮廓色   Shift+F12
无轮廓
细线轮廓
0.1 mm
0.2 mm
0.25 mm
0.5 mm
0.75 mm
1 mm
1.5 mm
2 mm
2.5 mm
彩色 (C)

17. 轮廓笔工具组

（1）轮廓笔工具 ：设置轮廓属性，如线条宽度、角形状和箭头类型。

（2）轮廓色工具 ：使用颜色查看器和调色板选择轮廓色。

（3）无轮廓工具 ：移除所选对象中的轮廓。

（4）细线轮廓工具 ：将最细的轮廓应用到所选的对象。

（5）轮廓宽度值 ：轮廓线设置的不同宽度值，从0.1mm~2.5mm。

（6）彩色 ：打开色彩泊坞窗，调节色彩滑块自定义颜色。

18. 填充工具组

（1）均匀填充工具█：使用调色板、颜色查看器、颜色和谐或颜色调和为对象选择一种纯填充颜色。

（2）渐变填充工具█：使用渐变颜色或色调填充对象。

（3）图样填充工具█：将应用预设图案填充应用到对象或创建自定义图样填充，用软件提供或自己定义的位图图案填充图形对象。

（4）底纹填充工具█：将预设底纹填充应用到对象来创建各种底纹幻觉，如水、云和石头，给图形对象填充模仿自然界的物体或其他的纹理效果。

（5）PostScript填充工具█：将复杂的PostScript底纹填充应用到对象来创建各种底纹幻觉，如草、星和爬虫。

（6）无填充█：使图形对象无填充颜色。

（7）彩色█：设置所选对象的详细颜色选项。

19. 交互式填充工具组

（1）交互式填充工具█：对图形对象实现各种填充。

（2）网状填充工具█：在对象上创建复杂多变的网格，可以将网格中的每个节点填充颜色，各个节点之间的颜色是柔和渐变的。

1.5 常用对话框与泊坞窗

CorelDRAW X6中包含有30个不同类型及功能的泊坞窗控制面板，下面介绍几种常用的对话框和泊坞窗。

▶▶1.5.1 常用对话框

1. 图形的导入与保存

（1）图形的导入：执行菜单栏中的【文件】/【导入】命令或者按【Ctrl】+【I】组合键，都会弹出"导入"对话框，如图1-38所示。在"文件名"栏中选择要导入的文件，在"文件类型"栏中选择要导入文件的类型。

（2）图形的保存：执行菜单栏中的【文件】/【保存】命令或者按【Ctrl】+【S】组合键，都会弹出"保存绘图"对话框，如图1-39所示。在"文件名"栏中输入要保存的文件名，在"保存类型"栏中选择要保存的文件类型。

（3）图形的另存为：执行菜单栏中的【文件】/【另存为】命令或者按【Ctrl】+【Shift】+【S】组合键，都会弹出"保存绘图"对话框，如图1-40所示。在"文件名"栏中输入要保存的文件名，在"保存类型"栏中选择要保存文件的类型。

"另存为"可以仅仅保存选定的对象，即可以保存局部图形。

图 1-38

图 1-39

图 1-40

2. 图形的导出

执行菜单栏中的【文件】/【导出】命令或者按【Ctrl】+【E】组合键，都会弹出"导出"对话框，如图 1-41 所示。在"文件名"栏中输入要导出的文件名，在"保存类型"栏中选择要导出的文件类型。

3. 轮廓笔对话框

选择图形，单击工具箱中的轮廓笔工具或者按【F12】快捷键，弹出"轮廓笔"对话框，如图 1-42 所示。

4. 轮廓颜色对话框

选择图形，单击工具箱中的轮廓色工具或者按【Shift】+【F12】组合键，弹出"轮廓颜色"对话框，如图 1-43 所示。

图 1-41

图 1-42

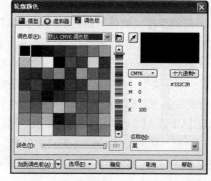

图 1-43

5. 均匀填充对话框

选择图形，单击工具箱中的均匀填充工具或者按【Shift】+【F11】组合键，弹出"均匀填充"对话框，如

图1-44所示。

6. 渐变填充对话框

选择图形，单击工具箱中的渐变填充工具■或者按【F11】快捷键，弹出"渐变填充"对话框，如图1-45所示。

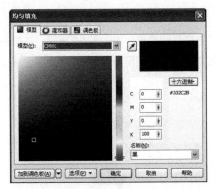

图 1-44

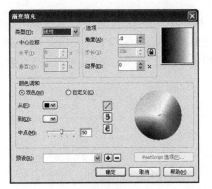

图 1-45

7. 图样填充对话框

选择图形，单击工具箱中的图样填充工具■，弹出"图样填充"对话框，如图1-46所示。

8. 底纹填充对话框

选择图形，单击工具箱中的底纹填充工具■，弹出"底纹填充"对话框，如图1-47所示。

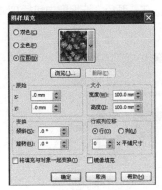

图 1-46

图 1-47

9. PostScript底纹对话框

选择图形，单击工具箱中的PostScript填充工具■，弹出"PostScript底纹"对话框，如图1-48所示。

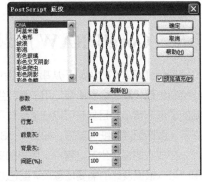

图 1-48

▶▶ 1.5.2 常用泊坞窗

1. 变换泊坞窗

单击菜单栏中的【窗口】/【泊坞窗】/【变换】/【倾斜】命令，弹出"变换"泊坞窗，在变换泊坞窗里包含了位置变换、旋转变换、缩放和镜像变换、大小变换、倾斜变换5个功能命令，如图1-49所示。

2. 造形泊坞窗

单击菜单栏中的【窗口】/【泊坞窗】/【造形】命令，弹出"造形"泊坞窗，如图1-50所示。在造形泊坞窗里通过焊接、修剪、相交、简化、移除后面对象、移除前面对象和边界可以绘制具有复杂轮廓的图形对象。

图 1-49

图 1-50

3. 颜色泊坞窗

单击工具箱中的彩色▣▣，弹出"颜色"泊坞窗，如图1-51所示。在"颜色"泊坞窗中包括CMYK、RGB、HSB、灰度等9种色彩模式。

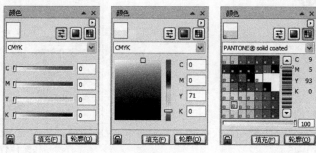

图 1-51

1.6 CorelDRAW 服装设计简介

CorelDRAW软件对于从事服装设计工作的专业设计人员来说有很大的用处。利用CorelDRAW软件可以设计绘制出现代服装企业中专门用于服装生产的工业款式图，如图1-52所示。作为矢量绘图软件，CorelDRAW绘制的图形非常小并且具有可以任意缩放和以最高分辨率输出的特性，可以完美地再现服装设计当中的面料、图案、文字、服饰配件等细节部分，如图1-53所示。

在成衣的设计生产过程中，色彩的搭配非常重要。CorelDRAW软件还可以完美地表现各种服装的色彩搭配，用户可以根据设计的需要任意设计配色方案，如图1-54所示。

LAWAYELL | T—SHIRT | CVC 60% 40% | NO: YD--080076

面料规格:CVC 32S针织单面　　　生产数量:
190GM/M²

B 生产与否:　　YES ☐　　　NO ☐

C 生产与否:　　YES ☐　　　NO ☐

图 1-52

兔毛领

兔毛领

钉珠、绣花

钉珠、绣花

细褶

毛绒织带

毛绒织带

拉链

图 1-53

PU 色
粗帆色
内衣色
第三色
裤 色

图 1-54

1.7 本章小结

　　本章主要介绍一些关于CorelDRAW X6软件的基础知识，并对服装设计中经常涉及的软件界面、菜单栏、常用工具栏、对话框等进行简单的介绍，使大家了解CorelDRAW X6软件在服装设计领域中的应用。

1.8 练习与思考

1. CorelDRAW X6的工作界面由哪几个部分组成？分别有什么作用？
2. CorelDRAW X6的工具箱中有哪些工具？分别有什么功能？
3. CorelDRAW X6中有哪些主要的对话框及泊坞窗？

第 **2** 章

服装色彩设计基础

色彩在服装设计的诸多要素中是最引人注目的。服装的颜色是给人的第一印象，其次才是服装的款式、造型、面料、工艺等。因此，服装色彩搭配的好与坏决定了服装设计的成功与否。

2.1　色彩的基本原理

学习服装的色彩设计，首先要掌握色彩的基本原理，如色彩三要素、三原色、色调等。

▶▶ 2.1.1　色彩三要素

图2-1

色相、明度、纯度是色彩的三要素，也称为色彩的三大属性。

● 色相：是色彩的最大特征，指色彩相貌的名称，又称为色彩的种类。如红色、橙色、黄色、绿色、青色、蓝色、紫色等，如图2-1所示是24色色相环。

● 明度：也称为光度、深浅度。是指色彩的明暗程度。如粉红色比大红色浅，明度就比大红色高，如图2-2所示。

图2-2

● 纯度：是指色彩的纯净程度。纯度越高，色彩越鲜艳。高纯度的色彩显得华丽、刺激性强，如大红色、柠檬黄色等。

▶▶ 2.1.2　三原色

三原色：所谓原色，又称为第一次色，或称为基色，即任何色彩都无法调配出来的颜色。色相环中的三原色是红色、黄色、蓝色，如图2-3所示。

▶▶ 2.1.3　色调

色调：是指色彩外观的重要特征与基本特征，如红色调、蓝色调、暖色调、亮色调、灰色调、冷色调、中性色调等。

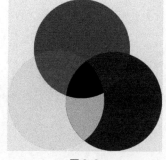

图2-3

2.2　色彩心理与色彩对比

在设计服装色彩时还需要考虑色彩给人的心理暗示作用，便于设计师清晰、准确地表达设计意图。

▶▶ 2.2.1　色彩心理

1. 色彩的冷暖感

色彩的冷暖感主要是由色彩的色相决定的。例如，红、橙、黄让人联想到红旗、太阳、火等，是暖色；而青、蓝使人联想到大海、天空、水、冰等，是冷色；紫色与绿色是不冷不暖的中性色。

色彩的冷暖感在服装色彩设计中有重要意义，如夏季服装冷色受欢迎，使人觉得凉爽；而冬季服装暖色受欢迎，使人觉得温暖。

2. 色彩的轻重感

色彩的轻重感主要由色彩的明度决定。高明度的色彩使人有轻感，低明度的色彩使人有重感，如黑色给人的感觉最重。

3. 色彩的兴奋与沉静

色彩的兴奋与沉静和色相、明度、纯度都有关系，最主要是纯度的影响。纯度越高兴奋感越强，如运动服、旅游服大多采用高纯度色彩，给人兴奋感，而医护人员的服装色彩多为白色，纯度低使人觉得平静。

4. 色彩的强弱感

色彩的明度和纯度是影响色彩强弱感的重要因素。明度低纯度高的色彩给人感觉强而热烈，如运动服和T恤的色彩。明度高纯度低的色彩给人感觉弱而柔和，如睡衣、内衣的色彩。

▶▶ 2.2.2　色彩对比

色彩对比现象是指色彩与色彩之间的比较。服装色彩的对比分类为以下几种。

- 明度对比：因色彩明度不同而形成的对比称为明度对比，如图2-4所示。
- 色相对比：因色相的差别而形成的色彩对比称为色相对比，如图2-5所示。

图2-4

图2-5

- 纯度对比：因纯度差别而形成的色彩对比称为纯度对比，如图2-6所示。
- 冷暖对比：因色彩的冷暖差别而形成的对比称冷暖对比，如图2-7所示。

图2-6

图2-7

2.3 服装色彩搭配设计

服装的色彩搭配方式有很多种，其中最基本的配色设计有十种。

• 无色设计：不用彩色，只用黑、白、灰色进行搭配，在职业女装的设计中经常使用这种色彩搭配方式，如图2-8所示，经典的黑白色搭配。

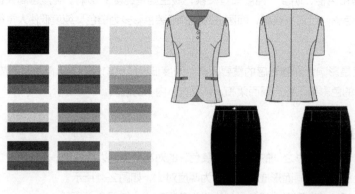

图2-8

• 类比设计：在色相环上任选三个连续的色彩或其任意一个明色或暗色进行搭配，如图2-9所示，是一组类比色搭配，在中高档女装、童装的设计中经常使用这种配色方式。

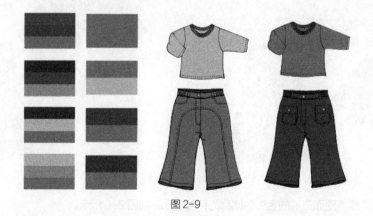

图2-9

• 冲突设计：把一个颜色和它的补色左边或右边的色彩搭配起来，如图2-10所示，是一组冲突色搭配。

图2-10

• 互补设计：使用色相环上全然相反的颜色，如图2-11所示，是一组互补色搭配。

图2-11

- 单色设计：把一个颜色和任意一个它所有的明、暗色配合起来，如图2-12所示，是一组单色搭配。

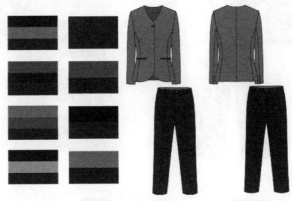

图2-12

- 中性设计：加入一个颜色的补色或黑色使其他色彩消失或中性化，如图2-13所示，是一组中性色搭配。

图2-13

- 分裂补色设计：把一个颜色和它补色任意一边的颜色组合起来，如图2-14所示，是一组分裂补色搭配。
- 原色设计：把纯原色红、黄、蓝色搭配组合起来，如图2-15所示，是一组原色色彩搭配。
- 二次色设计：把二次色绿、紫、橙色结合起来，如图2-16所示，是一组二次色色彩搭配。
- 三次色设计：是"红橙、黄绿、蓝紫色"或是"蓝绿、黄橙、红紫色"这两个组合中的一个，在色相环上每个颜色间都有彼此相等的距离，如图2-17所示，是一组三次色色彩搭配。

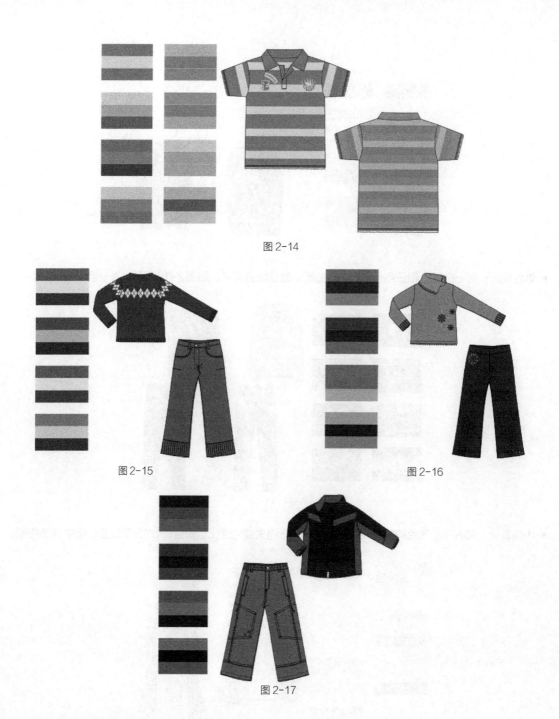

图 2-14

图 2-15

图 2-16

图 2-17

2.4 服装色彩的流行趋势

色彩在服装设计的诸多要素中是最引人注目的，在设计成衣的时候首先要了解服装色彩的流行趋势，即根据流行色来设计服装的色彩。

1. 流行色

流行色是指在一定时期内最受人们欢迎的几种色彩或色系，它反映的是整个消费群体对色彩的自然需求，是在一定的市场基础上产生的，它具有倾向性和季节性。我国目前色彩的流行发布主要是由国际流行色协会、中国流行色协会、国际羊毛局等机构发布，是一种指导性的发布。每一年国际流行色协会都会发布下一年的纺织服装类的色彩流行趋势，图2-18、图2-19是2016~2017年秋冬女装色彩流行趋势预测，图2-20是2016~2017年秋冬童装色彩流行趋势预测，仅供参考。

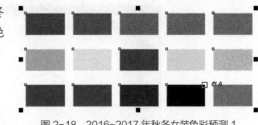

图2-18　2016~2017年秋冬女装色彩预测1

图2-19　2016~2017年秋冬女装色彩预测2

图2-20　2016~2017年秋冬童装色彩预测

2. 自定义流行色板

在CorelDRAW软件中自带有CMYK、RGB等色板，用户还可以根据自己的需要来创建流行色自定义调色板，方便对服装的色彩进行填充，操作方法如下。

步骤1 执行菜单栏中的【文件】/【打开】命令或按【Ctrl】+【O】组合键，弹出"打开绘图"对话框，打开绘图文件中的"16-17秋冬女装色彩预测.cdr"文件，如图2-21所示。

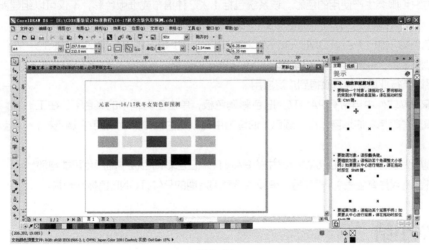

图2-21

步骤2 使用选择工具 按住【Shift】键全选文件中的所有色彩，如图2-22所示。

步骤3 执行菜单栏中的【窗口】/【调色板】/【通过选定的颜色创建调色板】命令，弹出"另存为"对话框，在"文件名"栏中输入要保存的文件名为"16/17秋冬女装色彩流行趋势"，如图2-23所示。

步骤4 单击"保存"按钮，在工作区的右面CMYK调色板旁会弹出刚设置的"16/17秋冬女装色彩流行趋势"调色板，如图2-24所示。

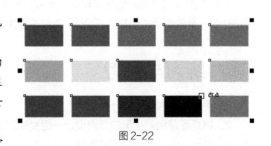

图2-22

图 2-23

图 2-24

通过自定义调色板，可以快速地给绘制好的服装填充所需要的流行色。

2.5 PANTONE 色彩介绍

PANTONE 色彩是从设计师到制造商、零售商，最终到客户的色彩交流中的国际标准语言。在服饰、家居以及室内设计行业中，潘通服装和家居色彩系统（PANTONE for fashion and home）是设计师们的主要工具，用于选择和确定纺织和服装生产使用的色彩。该系统包括 1 932 种棉布或纸版色彩，不仅可以组建新的色库和概念化的色彩方案，还可以提供生产过程中的色彩交流和控制。

潘通流行色色彩展望（PANTONE VIEW Color Planner）是一种每年两次就时装色彩趋势而设的预测工具，提前 24 个月提供季节性色彩导向和灵感，在男装、女装、运动装、休闲装、化装品以及行业设计等方面得到广泛应用。

在 CorelDRAW 软件中自带有 PANTONE 色彩调色板，单击工具箱中的彩色图，在工作区的右上方弹出"颜色"泊坞窗，在"颜色"泊坞窗中有默认的 PANTONE 色彩调色板，如图 2-25 所示。

图 2-25

在此要提醒广大读者，CorelDRAW X6 中的 PANTONE 色彩调色板中的颜色可能与潘通流行色不相符合（或是有色差），要获得准确颜色请查阅近期的 PANTONE 色标准刊物。

2.6 本章小结

本章主要介绍了色彩的基础知识、服装色彩搭配的原则、色彩的流行趋势以及 PANTONE 色彩。在成衣的色彩设计中，最常使用的是 PANTONE 色彩的中性色和基本色搭配，这样容易找到色彩的平衡感。

2.7 练习与思考

1. 色彩的三大属性是什么？
2. 根据服装色彩搭配的原则设计一组女装对比色色彩。
3. 设计一组冷色调的男装色彩。
4. 自定义创建一组 2016 年秋冬男装流行色彩。

第 **3** 章

服装款式设计

服装设计是以人体为基本形态设计的，人体的形态和运动需要直接构成了服装的款式。款式、面料和色彩是服装造型的三要素，其中款式又是构成造型设计的主体，包括整体和局部两部分，即服装的廓型、内结构线及领、袖、口袋等零部件的配置。

3.1　服装款式绘制比例

人体从头顶到下颌骨的区域称为头身，在进行服装款式设计时，人体比例可设为1：8，称为8头身，意思是人的总体身高应有8个头长。为了方便快速地掌握款式图绘制的比例，我们以1：8的比例绘制人台模型，如图3-1、图3-2所示。女性人台模型的肩宽等于1.5个头长，腰围等于1个头长，臀围等于1.5个头长，下颌到胸围的1/2处是肩线，肩线的1/3处为领窝线。男性人台模型的肩宽等于2个头长，腰围等于1个头长，臀围等于1.5个头长，下颌到胸围的1/2处是肩线，肩线的1/3处为领窝线。上衣腰节长度约在肩宽的1倍处（男人稍下、女人稍上）。款式图的绘制可以在人台模型的基础上添加造型变化，这样可以准确地把握款式图的比例。

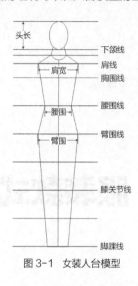

图3-1　女装人台模型

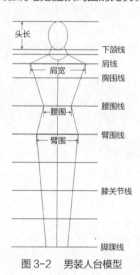

图3-2　男装人台模型

3.2　服装的零部件设计

服装的零部件包括领、袖、口袋、门襟、腰头、褶裥等，在服装中有重要的功能性和装饰性作用。

▶▶ 3.2.1　服装领型设计

服装的领型是最富于变化的一个部件，由于领子的形状、大小、高低、翻折等不同，形成各具特色的服装款式。根据领域结构不同，可归纳为以下4种领型。

- 立领：立领是一种没有领面，只有领座的领型，如图3-3所示。
- 褶领：褶领是一种翻领，如衬衫领、小翻领等，如图3-4所示。

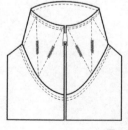

图3-3

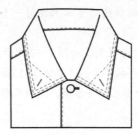

图 3-4

- 平领：平领是平展贴肩的领型，一般领座不高于1cm，如图3-5所示。
- 翻驳领：驳领是前门襟敞开成V字形的领型，它由领座、翻领和驳头组成，如图3-6所示。

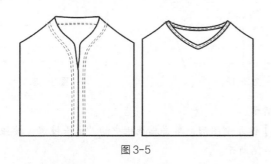

图 3-5   图 3-6

▶▶ 3.2.2 翻领设计

翻领的整体效果如图3-7所示。

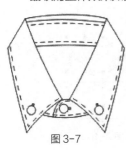

步骤1 打开CorelDRAW软件，执行菜单栏中的【文件】/【新建】命令，或使用【Ctrl】+【N】组合键创建新文件，设定纸张大小为A4，如图3-8所示。

图 3-8

步骤2 执行菜单栏中的【文件】/【导入】命令，导入光盘素材中的男装人台模型，如图3-9所示。

图 3-7

步骤3 鼠标单击上方标尺栏，从上往下拖动，在人台上添加4条辅助线，确定领高、领口深和翻领大小（一般领口的宽度约占肩宽的三分之一），如图3-10所示。

图 3-9   图 3-10

步骤4 使用贝塞尔工具 在辅助线的基础上绘制一个闭合路径，在属性栏中设置轮廓宽度为 .25 mm ，如图 3-11所示。

步骤5 使用形状工具 调整领子造型，如图 3-12所示。

步骤6 使用贝塞尔工具 和形状工具 ，在图 3-13所示的翻领上绘制1条缉明线，使缉明线处于选择状态，按【F12】键弹出"轮廓笔"对话框，选项及参数设置如图 3-14所示。

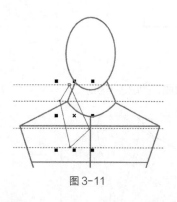

图 3-11

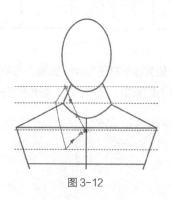

图 3-12

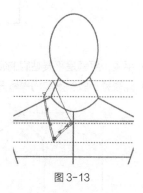

图 3-13

步骤7 单击"确定"按钮，得到的效果如图 3-15所示。

步骤8 使用选择工具 框选翻领和缉明线，按【+】键复制图形，单击属性栏中的"水平镜像"按钮 ，并把复制的图形向右平移到一定的位置，如图 3-16所示。

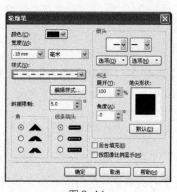

图 3-14

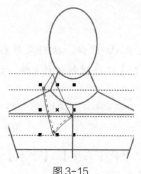

图 3-15

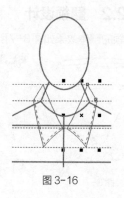

图 3-16

步骤9 使用贝塞尔工具 和形状工具 绘制后领，在属性栏中设置轮廓宽度为 .25 mm ，如图 3-17所示。

步骤10 使用贝塞尔工具 和形状工具 ，在图 3-18所示的后领上绘制2条缉明线，使缉明线处于选择状态，按【F12】键弹出"轮廓笔"对话框，选项及参数设置如图 3-19所示。

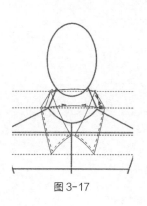

图 3-17

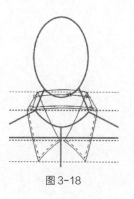

图 3-18

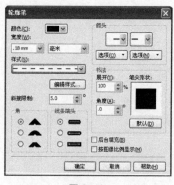

图 3-19

步骤11 单击"确定"按钮,得到的效果如图3-20所示。

步骤12 使用贝塞尔工具 和形状工具 在后领绘制一条分割线,在属性栏中设置轮廓宽度为 [.25 mm],如图 3-21所示。

步骤13 使用选择工具 框选后领、缉明线和分割线,执行菜单栏中的【排列】/【顺序】/【到页面后面】命令, 得到的效果如图3-22所示。

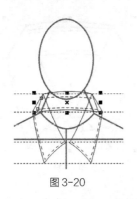

图3-20

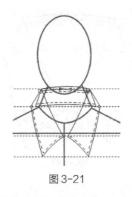

图3-21

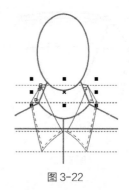

图3-22

步骤14 使用贝塞尔工具 和形状工具 在领口绘制两条路径,在属性栏中设置轮廓宽度为 [.25 mm],如图3-23 所示。

步骤15 使用贝塞尔工具 和形状工具 ,在图3-24所示的领口处绘制2条缉明线,使缉明线处于选择状态, 按【F12】键弹出"轮廓笔"对话框,选项及参数设置如图3-25所示。

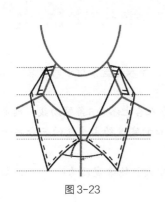

图3-23

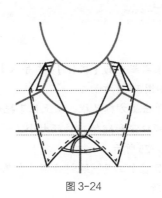

图3-24

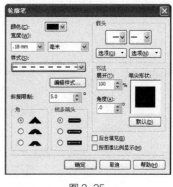

图3-25

步骤16 单击"确定"按钮,得到的效果如图3-26所示。

步骤17 使用工具箱中的矩形工具 绘制扣眼,在属性栏中设置轮廓宽度为 [.18 mm],如图3-27所示。

步骤18 单击工具箱中的椭圆形工具 ,按住【Ctrl】键绘制扣子,如图3-28所示。

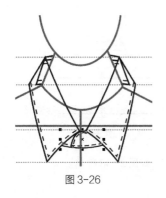

图3-26

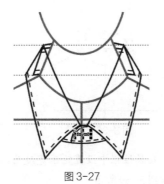

图3-27

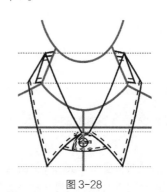

图3-28

步骤19 使用选择工具 🔲 挑选人台模型，按【Delete】键删除，得到的效果如图3-29所示。

步骤20 使用选择工具 🔲 框选扣子和扣眼，按两次【+】键复制图形，并把复制的两个图形旋转摆放在领尖处，如图3-30所示。

步骤21 使用选择工具 🔲 框选图形，单击调色板中的白色□。按【Ctrl】+【G】组合键群组图形，这样就完成了翻领的绘制，整体效果如图3-31所示。

图3-29

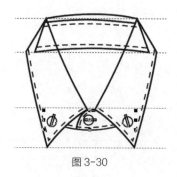
图3-30

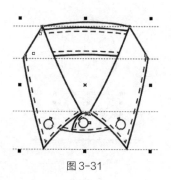
图3-31

▶▶ 3.2.3 翻驳领设计

翻驳领的整体效果如图3-32所示。

图3-32

步骤1 打开CorelDRAW软件，执行菜单栏中的【文件】/【新建】命令，或按【Ctrl】+【N】组合键，设定纸张大小为A4，如图3-33所示。

图3-33

步骤2 执行菜单栏中的【文件】/【导入】命令，导入光盘素材中的男装人台模型，如图3-34所示。

步骤3 鼠标单击上方标尺栏，从上往下拖动，在人台上添加5条辅助线，确定领高、领口深和翻领、驳领大小（一般领口的宽度约占肩宽的三分之一），如图3-35所示。

步骤4 使用贝塞尔工具 🔲 绘制后领，在属性栏中设置轮廓宽度为 △.25 mm ▾，如图3-36所示。

步骤5 使用形状工具 🔲 调整领座造型，如图3-37所示。

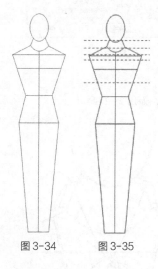
图3-34 　　图3-35

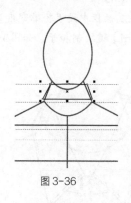
图3-36

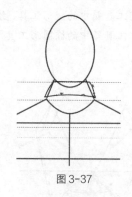
图3-37

步骤6 使用贝塞尔工具 🔲 绘制翻领造型，在属性栏中设置轮廓宽度为 △.25 mm ▾，如图3-38所示。

步骤7 使用形状工具 🔲 调整翻领造型，如图3-39所示。

步骤8 重复步骤6~步骤7的操作，绘制驳领造型，如图3-40所示。

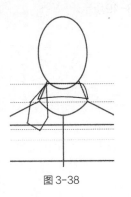
图 3-38

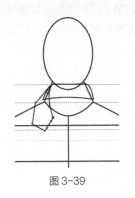
图 3-39

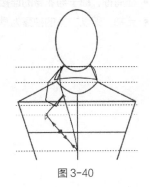
图 3-40

步骤9 使用贝塞尔工具和形状工具，在图3-41所示的翻驳领、领座等位置绘制3条缉明线，使缉明线处于选择状态，按【F12】键弹出"轮廓笔"对话框，选项及参数设置如图3-42所示。

步骤10 单击"确定"按钮，得到的效果如图3-43所示。

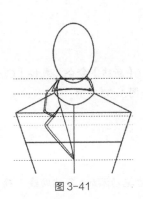
图 3-41

图 3-42

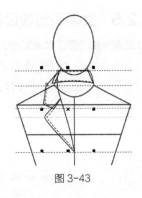
图 3-43

步骤11 使用选择工具框选图形，按【+】键复制图形，单击属性栏中的"水平镜像"按钮，并把复制的图形向右平移到一定的位置，如图3-44所示。

步骤12 使用选择工具挑选人台模型，按【Delete】键删除，得到的效果如图3-45所示。

步骤13 使用选择工具框选图形，单击调色板中的白色□。按【Ctrl】+【G】组合键群组图形，这样就完成了翻驳领的绘制，整体效果如图3-46所示。

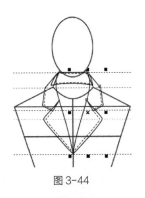
图 3-44

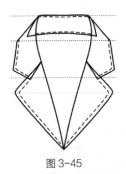
图 3-45

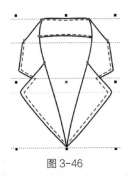
图 3-46

▶▶ 3.2.4 服装袖型设计

根据袖型与衣身的结合关系，袖型一般可分为4大类。

- 连袖：袖子与衣身是一体的，中式服装多以此类袖型为主，如图3-47所示。

- 装袖：袖子与衣身在人体的肩关节处相互连接，多为制服、西装袖，如图3-48所示。
- 插肩袖：袖子与衣身的连接是由人体的腋下经肩内侧延至颈根而成，如图3-49所示。
- 无袖：即以衣身的袖窿为基础而加以变化所形成的袖型，如图3-50所示。

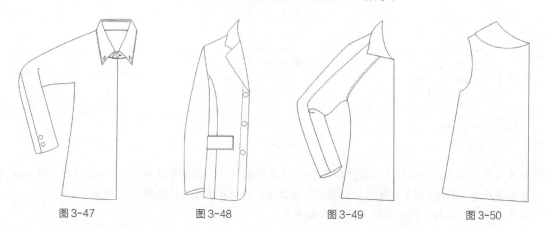

图3-47　　　　　图3-48　　　　　图3-49　　　　　图3-50

▶▶ 3.2.5　女装泡泡袖设计

女装泡泡袖的整体效果如图3-51所示。

图3-51

步骤1　打开CorelDRAW软件，执行菜单栏中的【文件】/【新建】命令，或按【Ctrl】+【N】组合键，设定纸张大小为A4，横向摆放，如图3-52所示。

图3-52

步骤2　鼠标单击上方和左方的标尺栏，从上往下从左往右拖动添加6条辅助线，确定袖长、袖山高、袖肥等位置，如图3-53所示。

步骤3　使用贝塞尔工具绘制袖子的外轮廓造型，在属性栏中设置轮廓宽度为 .25mm，如图3-54所示。

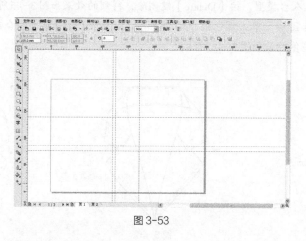

图3-53

步骤4　使用形状工具调整出泡泡袖的造型，如图3-55所示。

步骤5　使用手绘工具和形状工具绘制袖子和袖口的褶纹，在属性栏中设置轮廓宽度为 .25mm，如图3-56所示。

步骤6　使用贝塞尔工具和形状工具绘制袖口的丝带，在属性栏中设置轮廓宽度为 .25mm，如图3-57所示。

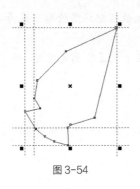

图 3-54

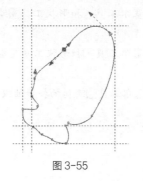

图 3-55

步骤7 使用选择工具 框选图形，单击调色板中的白色□。按【Ctrl】+【G】组合键群组图形，这样就完成了泡泡袖的绘制，整体效果如图 3-58 所示。

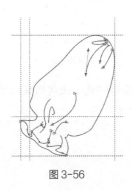

图 3-56

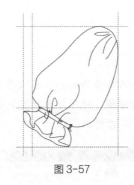

图 3-57

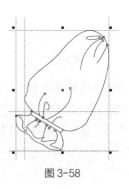

图 3-58

▶▶ 3.2.6 男装衬衫袖设计

男装衬衫袖的整体效果如图 3-59 所示。

步骤1 打开 CorelDRAW 软件，执行菜单栏中的【文件】/【新建】命令，或按【Ctrl】+【N】组合键，设定纸张大小为 A4，横向摆放，如图 3-60 所示。

图 3-59

图 3-60

步骤2 鼠标单击上方和左方的标尺栏，从上往下、从左往右拖动，添加 10 条辅助线，确定袖长、袖肥、袖口、肘关节等位置，如图 3-61 所示。

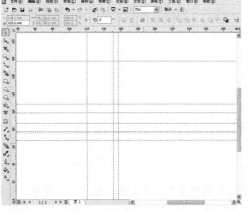

图 3-61

步骤 3 使用贝塞尔工具 ┗ 和形状工具 ┗ 绘制袖子的外轮廓造型，在属性栏中设置轮廓宽度为 ⌀ .25 mm ▾，如图 3-62 所示。

步骤 4 使用贝塞尔工具 ┗ 和形状工具 ┗ 绘制袖子的翻折痕，在属性栏中设置轮廓宽度为 ⌀ .25 mm ▾，如图 3-63 所示。

步骤 5 选择贝塞尔工具 ┗ 绘制袖扣和袖衩分割线，如图 3-64 所示。

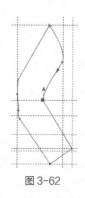
图 3-62

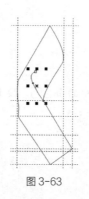
图 3-63

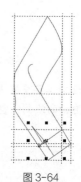
图 3-64

步骤 6 单击工具箱中的手绘工具 ⌕，在图 3-65 所示的袖扣、袖衩等位置绘制 4 条缉明线，使缉明线处于选择状态，按【F12】键弹出"轮廓笔"对话框，选项及参数设置如图 3-66 所示。

步骤 7 单击"确定"按钮，得到的效果如图 3-67 所示。

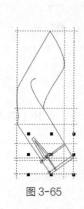
图 3-65

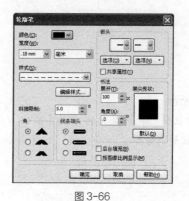
图 3-66

图 3-67

步骤 8 选择椭圆形工具 ◯，按住【Ctrl】键在袖口绘制一个圆形，在属性栏中设置轮廓宽度为 ⌀ .18 mm ▾，如图 3-68 所示。

步骤 9 按【+】键复制圆形，按住【Shift】键等比例缩小图形并往左平移到一定的位置，如图 3-69 所示。

步骤 10 按【+】键复制图形，并把复制的图形往右平移到一定的位置，如图 3-70 所示。

图 3-68

图 3-69

图 3-70

步骤 11 使用选择工具 ▯ 框选 3 个圆形图形，单击属性栏中的"合并"按钮 ⌷ 结合图形，如图 3-71 所示。

步骤 12 按【+】键复制第 2 个扣子，并把扣子平移到一定的位置，如图 3-72 所示。

步骤13 使用选择工具 框选图形，按【Ctrl】+【G】组合键群组图形，这样就完成了衬衫袖的绘制，整体效果如图3-73所示。

图3-71

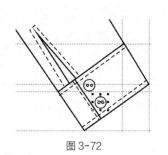
图3-72

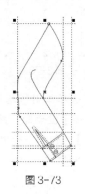
图3-73

▶▶ 3.2.7 服装口袋设计

口袋是服装中常用的零部件，从外观形态上来区分，可以把口袋分为贴袋和挖袋两大类。

- 贴袋：立体性口袋、牛仔裤的后袋都是贴袋，如图3-74所示。
- 挖袋：男西服、西裤的后袋都是挖袋，如图3-75所示。

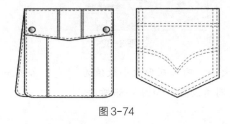
图3-74

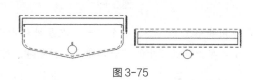
图3-75

▶▶ 3.2.8 贴袋设计

贴袋的整体效果如图3-76所示。

步骤1 打开CorelDRAW软件，执行菜单栏中的【文件】/【新建】命令，或使用【Ctrl】+【N】组合键，设定纸张大小为A4，横向摆放，如图3-77所示。

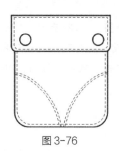
图3-76

图3-77

步骤2 单击工具箱中的矩形工具 绘制一个矩形。在属性栏中设置对象大小，输入矩形大小数值为 ，如图3-78所示。单击属性栏中的"全部圆角"按钮 ，对矩形进行圆角设置，如图3-79所示。

步骤3 在属性栏中设定轮廓线的数值为 ，单击调色板中的白色 ，效果如图3-80所示。

步骤4 按【+】键复制图形，执行菜单栏中的【排列】/【转换为曲线】命令，使用工具箱中的形状工具 ，选中矩形上面的两个节点，单击属性栏中的"断开曲线"按钮 ，如图3-81所示。

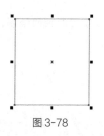

图 3-78

图 3-79

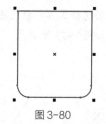

图 3-80

步骤5 使用选择工具 选取已拆分的矩形，单击属性栏中的"拆分"按钮 ，单击已拆分的直线，按【Delete】键删除。然后按住【Shift】键等比例缩小绘制口袋的缉明线。使缉明线处于选择状态，按【F12】键弹出"轮廓笔"对话框，选项及参数设置如图 3-82 所示，单击"确定"按钮，得到的效果如图 3-83 所示。

图 3-81

图 3-82

步骤6 使用矩形工具 绘制一个矩形。在属性栏中设置对象大小，输入矩形大小数值为 ，如图 3-84 所示。单击属性栏中的"全部圆角"按钮 ，对矩形进行圆角设置，如图 3-85 所示。

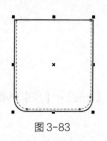

图 3-83

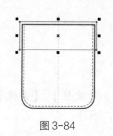

图 3-84

图 3-85

步骤7 单击调色板中的白色 ，在属性栏中设定轮廓线的数值为 ，效果如图 3-86 所示。

步骤8 按【+】键复制图形，然后按住【Shift】键等比例缩小绘制口袋的缉明线，使缉明线处于选择状态，按【F12】键弹出"轮廓笔"对话框，选项及参数设置如图 3-87 所示，单击"确定"按钮，得到的效果如图 3-88 所示。

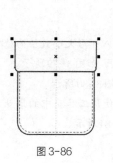

图 3-86

图 3-87

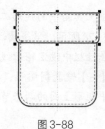

图 3-88

步骤9 使用椭圆形工具◯按住【Ctrl】键绘制金属撞钉，在属性栏中设置轮廓宽度为 □.35 mm ，得到的效果如图
3–89所示。

步骤10 按【+】键复制撞钉，并把复制的图形向右平移到一定的位置，如图3–90所示。

步骤11 单击工具箱中的手绘工具，在图3–91所示的口袋位置绘制4条缉明线，使缉明线处于选择状态，按
【F12】键弹出"轮廓笔"对话框，选项及参数设置如图3–92所示。

图3-89

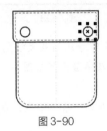

图3-90

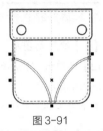

图3-91

步骤12 使用选择工具框选图形，按【Ctrl】+【G】组合键群组图形，这样就完成了贴袋的绘制，整体效果
如图3–93所示。

图3-92

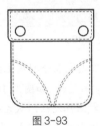

图3-93

▶▶ 3.2.9 挖袋设计

挖袋的整体效果如图3–94所示。

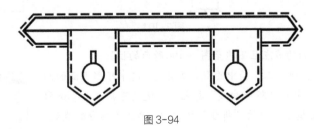

图3-94

步骤1 打开CorelDRAW软件，执行菜单栏中的【文件】/【新建】命令，或使用【Ctrl】+【N】组合键，设
定纸张大小为A4，横向摆放，如图3–95所示。

图3-95

步骤2 单击工具箱中的矩形工具绘制一个矩形。在属性栏中设置对象大小，输入
矩形大小数值为 ，轮廓宽度为 □.25 mm ，如图3–96所示。

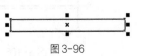

图3-96

步骤3 鼠标单击上方标尺栏，从上往下拖动，在矩形的中间添加一条辅助线，如图3-97所示。

步骤4 执行菜单栏中的【排列】/【转换为曲线】命令，使用形状工具 ，分别双击矩形与辅助线的交点添加两个节点，如图3-98所示。

步骤5 使用形状工具 把添加的两个节点分别往左右两边拖至图3-99所示的位置。

图3-97   图3-98   图3-99

步骤6 按【+】键复制图形，然后按住【Shift】键等比例放大绘制口袋的缉明线，使缉明线处于选择状态，按【F12】键弹出"轮廓笔"对话框，选项及参数设置如图3-100所示，单击"确定"按钮，得到的效果如图3-101所示。

步骤7 使用手绘工具 在图3-102所示的位置添加一条分割线，在属性栏中设置轮廓宽度为 .25 mm 。

图3-100

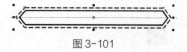 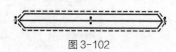

图3-101   图3-102

步骤8 使用矩形工具 在分割线上绘制一个矩形。在属性栏中设置对象大小，输入矩形大小数值为 6.0 mm 6.5 mm ，轮廓宽度为 .25 mm ，如图3-103所示。

步骤9 鼠标单击左侧标尺栏，从左往右拖动，在矩形的中间添加一条辅助线，如图3-104所示。

步骤10 执行菜单栏中的【排列】/【转换为曲线】命令，使用形状工具 ，双击矩形与辅助线下方的交点添加节点，如图3-105所示。

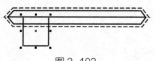 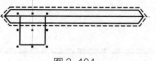 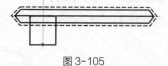

图3-103   图3-104   图3-105

步骤11 使用形状工具 把添加的节点往下拖至图3-106所示的位置。

步骤12 按【+】键复制图形，使用工具箱中的形状工具 ，选中矩形上面的两个节点，单击属性栏中的"断开曲线"按钮 。使用选择工具 选取已拆分的矩形，单击属性栏中的"拆分"按钮 ，单击已拆分的直线，按【Delete】键删除，得到的效果如图3-107所示。

步骤13 按住【Shift】键等比例缩小绘制口袋的缉明线。使缉明线处于选择状态，按【F12】键弹出"轮廓笔"对话框，选项及参数设置如图3-108所示，单击"确定"按钮，得到的效果如图3-109所示。

图3-108

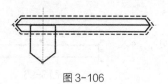 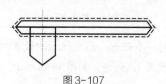

图3-106   图3-107

步骤14 使用矩形工具□绘制扣眼。在属性栏中设置对象大小，输入矩形大小数值为 [5 mm / 2.5 mm]，轮廓宽度为 [.25 mm]，如图3-110所示。

步骤15 使用椭圆形工具○按住【Ctrl】键绘制纽扣，在属性栏中设置轮廓宽度为 [.35 mm]，如图3-111所示。

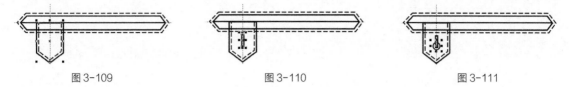

图3-109　　　　　　　　　图3-110　　　　　　　　　图3-111

步骤16 使用选择工具▷框选图形，单击调色板中的白色□，得到的效果如图3-112所示。

步骤17 按【+】键复制图形，把复制的图形向右平移到图3-113所示的位置。

步骤18 使用选择工具▷框选图形，按【Ctrl】+【G】组合键群组图形，这样就完成了挖袋的绘制，整体效果如图3-114所示。

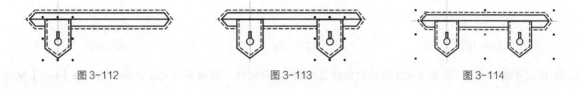

图3-112　　　　　　　　　图3-113　　　　　　　　　图3-114

▶▶ 3.2.10　门襟设计

所谓门襟，服装行业泛指衣物在人体中线锁扣眼的部位。日常生活中所说的门襟，专指男裤或牛仔裤的门襟，也就是在裤子的前面，从腰部到前档部开个叉，然后装上拉链或纽扣。门襟是服装装饰中最醒目的部件，门襟的款式层出不穷、千变万化，如图3-115所示为各种门襟造型。

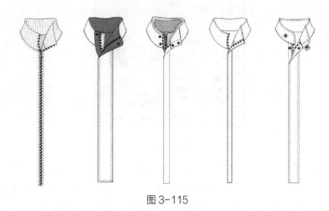

图3-115

▶▶ 3.2.11　上衣门襟设计

上衣门襟的整体效果如图3-116所示。

步骤1 打开CorelDRAW软件，执行菜单栏中的【文件】/【新建】命令，或使用【Ctrl】+【N】组合键，设定纸张大小为A4，如图3-117所示。

图3-117

步骤2 执行菜单栏中的【文件】/【导入】命令，导入光盘素材中的男装人台模型，如图3-118所示。

图3-116

步骤3 鼠标单击上方和左方的标尺栏，从上往下、从左往右拖动，在人台上添加4条辅助线，确定门襟长、宽等位置，如图3-119所示。

步骤4 选择工具箱中的矩形工具▢在人台上绘制一个矩形。在属性栏中设置轮廓宽度为 △.25 mm ▾，如图3-120所示。

图 3-118

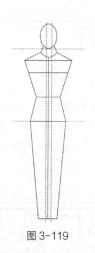

图 3-119

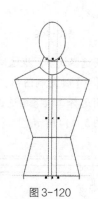

图 3-120

步骤5 使用手绘工具✎，在图3-121所示的门襟上绘制2条缉明线，使缉明线处于选择状态，按【F12】键弹出"轮廓笔"对话框，选项及参数设置如图3-122所示。

步骤6 单击"确定"按钮，得到的效果如图3-123所示。

图 3-121

图 3-122

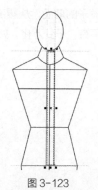

图 3-123

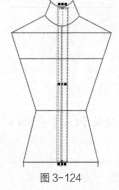

图 3-124

步骤7 使用手绘工具✎，在门襟上绘制一条直线，在属性栏中设置线条样式为 ▭，轮廓宽度为 △.2mm ▾，得到的效果如图3-124所示。

步骤8 选择变形工具▢，在属性栏中设置拉链变形的各项数值，如图3-125所示。得到的效果如图3-126所示。

图 3-125

步骤9 使用椭圆形工具○，按住【Ctrl】键在门襟上绘制纽扣，在属性栏中设置轮廓宽度为 △.25 mm ，得到效果如图3-127所示。

步骤10 按【+】键复制图形，把复制的图形向下平移到图3-128所示的位置。

步骤11 选择人台模型，按【Delete】键删除。使用选择工具▢框选图形，按【Ctrl】+【G】组合键群组图形，单击调色板中的白色▢，这样就完成了上衣门襟的绘制，整体效果如图3-129所示。

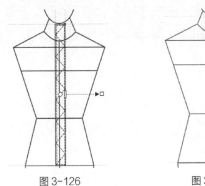
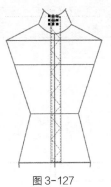
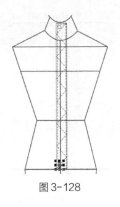
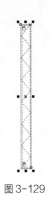

图 3-126   图 3-127   图 3-128   图 3-129

▶▶ 3.2.12   腰头设计

腰头是指与裤子或裙身缝合的带状部件。裤子、裙子的腰头设计可以分为高腰、中腰和低腰，如图3-130所示为各种腰头造型。

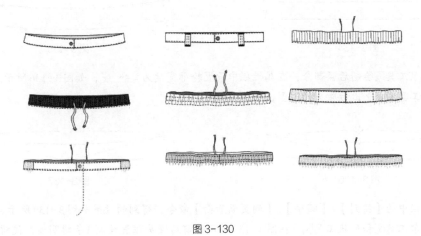

图 3-130

▶▶ 3.2.13   牛仔裤腰头设计

牛仔裤腰头的整体效果如图3-131所示。

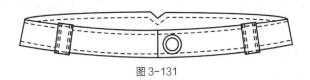

图 3-131

步骤1 打开CorelDRAW软件，执行菜单栏中的【文件】/【新建】命令，或使用【Ctrl】+【N】组合键，设定纸张大小为A4，如图3-132所示。

图 3-132

步骤2 鼠标单击上方和左方的标尺栏，从上往下、从左往右拖动，添加5条辅助线，确定腰头宽度、长度、中线等位置，如图3-133所示。

步骤3 使用贝塞尔工具 在辅助线基础上绘制闭合路径，在属性栏中设置轮廓宽度为 .25 mm ，如图3-134所示。

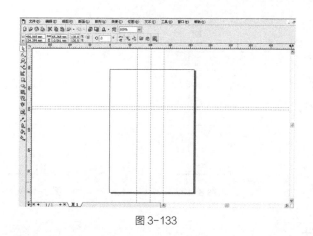

图3-133

步骤4 使用形状工具调整出腰头的造型，如图3-135所示。

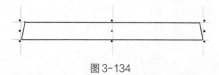

图3-134

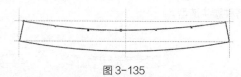

图3-135

步骤5 使用贝塞尔工具绘制后腰部分，在属性栏中设置轮廓宽度为 .25 mm，如图3-136所示。

步骤6 使用形状工具调整出后腰头的造型，如图3-137所示。

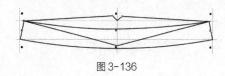

图3-136

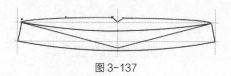

图3-137

步骤7 执行菜单栏中的【排列】/【顺序】/【到页面后面】命令，得到的效果如图3-138所示。

步骤8 使用贝塞尔工具和形状工具，在图3-139所示的前后腰头位置绘制3条缉明线，使缉明线处于选择状态，按【F12】键弹出"轮廓笔"对话框，选项及参数设置如图3-140所示。

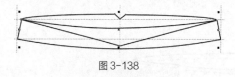

图3-138

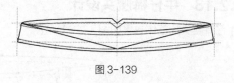

图3-139

步骤9 单击"确定"按钮，得到的效果如图3-141所示。

图3-140

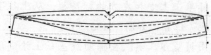

图3-141

步骤10 使用手绘工具 绘制一条直线，在属性栏中设置轮廓宽度为 .25 mm，如图3-142所示。

步骤11 使用椭圆形工具 按住【Ctrl】键在腰头上绘制纽扣，在属性栏中设置轮廓宽度为 .25 mm，得到的效果如图3-143所示。

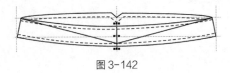

图 3-142

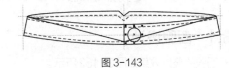

图 3-143

步骤12 按【+】键复制圆形。按住【Shift】键等比例缩小，得到的效果如图3-144所示。

步骤13 使用矩形工具 绘制裤襻，在属性栏中设置轮廓宽度为 .25 mm，如图3-145所示。

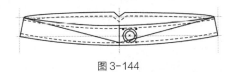

图 3-144

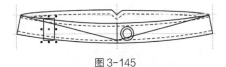

图 3-145

步骤14 使用手绘工具 在裤襻上绘制5条缉明线，如图3-146所示。缉明线处于选择状态，按【F12】键弹出"轮廓笔"对话框，选项及参数设置如图3-147所示。

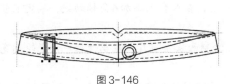

图 3-146

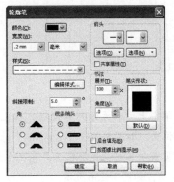

图 3-147

步骤15 单击"确定"按钮，得到的效果如图3-148所示。

步骤16 使用选择工具 框选裤襻及缉明线，在属性栏中设置旋转角度为 352.0，得到的效果如图3-149所示。

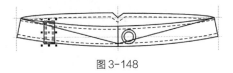

图 3-148

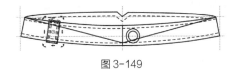

图 3-149

步骤17 按【+】键复制图形，单击属性栏中的"水平镜像"按钮 ，然后把复制的图形向右平移到一定的位置，如图3-150所示。

步骤18 使用选择工具 框选图形，按【Ctrl】+【G】组合键群组图形，单击调色板中的白色 ，这样就完成了牛仔裤腰头的绘制，整体效果如图3-151所示。

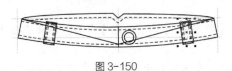

图 3-150

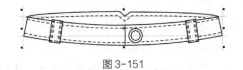

图 3-151

3.3 男装款式设计

服装根据性别和年龄来分类，可以分为男装、女装和童装。男装的款式有很多，如西服、衬衫、T恤、POLO衫、西裤等，下面分别介绍西服、POLO衫和立领夹克的款式设计。

▶▶ 3.3.1 西服设计

男式西服的整体效果如图3-152所示。

步骤1 打开CorelDRAW软件，执行菜单栏中的【文件】/【新建】命令，或使用【Ctrl】+【N】组合键，设定纸张大小为A4，如图3-153所示。

步骤2 执行菜单栏中的【文件】/【导入】命令，导入光盘素材中的男装人台模型，如图3-154所示。

图 3-152

图 3-153

步骤3 鼠标单击上方和左方的标尺栏，从上往下、从左往右拖动，在人台上添加6条辅助线，确定衣长、肩宽等位置，如图3-155所示。

步骤4 使用贝塞尔工具 和形状工具 在人台、辅助线基础上绘制西装左前片，在属性栏中设置轮廓宽度为 .35 mm ，如图3-156所示。

步骤5 使用贝塞尔工具 和形状工具 绘制西装袖子，在属性栏中设置轮廓宽度为 .35 mm ，如图3-157所示。

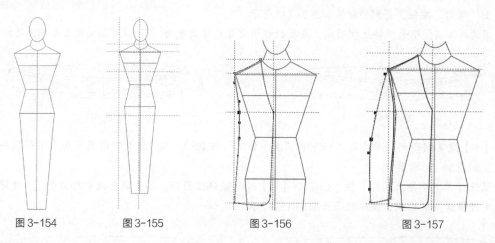

图 3-154　　　　图 3-155　　　　图 3-156　　　　图 3-157

步骤6 使用选择工具 选中袖子，执行菜单栏中的【排列】/【顺序】/【向后一层】命令，把袖子摆放在衣片后面，如图3-158所示。

步骤7 使用贝塞尔工具 和形状工具 绘制前片的结构分割线，在属性栏中设置轮廓宽度为 .35 mm ，如图3-159所示。

步骤8 选择矩形工具▢绘制口袋，在属性栏中设置轮廓宽度为 ⌀ .35 mm ▾，如图 3-160 所示。

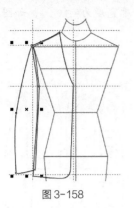

图 3-158

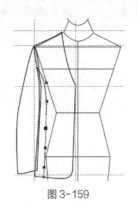

图 3-159

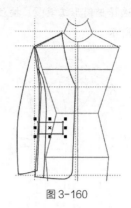

图 3-160

步骤9 执行菜单栏中的【排列】/【转换为曲线】命令，使用形状工具✎修改口袋造型，如图 3-161 所示。

步骤10 使用贝塞尔工具✎和形状工具✎绘制袖子上的两条分割线，在属性栏中设置轮廓宽度为 ⌀ .35 mm ▾，如图 3-162 所示。

步骤11 使用贝塞尔工具✎和形状工具✎，在图 3-163 所示的袖子、口袋、门襟等位置绘制 3 条缉明线，使缉明线处于选择状态，按【F12】键弹出"轮廓笔"对话框，选项及参数设置如图 3-164 所示。

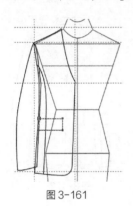

图 3-161

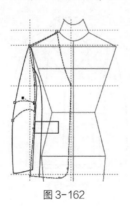

图 3-162

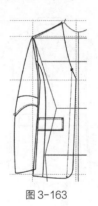

图 3-163

步骤12 单击"确定"按钮，得到的效果如图 3-165 所示。

步骤13 使用选择工具▯框选图形，按【+】键复制，单击属性栏中的"水平镜像"按钮▦，然后把复制的图形向右平移到一定的位置，如图 3-166 所示。

步骤14 执行菜单栏中的【文件】/【导入】命令，导入 3.2.3 小节绘制的翻驳领，并把领子摆放在合适的位置，如图 3-167 所示。

图 3-164

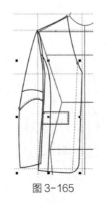

图 3-165

图 3-166

步骤15 使用选择工具 ▨ 挑选人台，按【Delete】键删除，得到的效果如图3-168所示。

步骤16 选择椭圆形工具 ◯，按住【Ctrl】键绘制3个组扣，在属性栏中设置轮廓宽度为 ◨ .25 mm ▾ ，如图3-169 所示。

图 3-167

图 3-168

图 3-169

步骤17 选择椭圆形工具 ◯ 绘制3个扣眼，在属性栏中设置轮廓宽度为 ◨ .25 mm ▾ ，如图3-170所示。

步骤18 使用贝塞尔工具 ▨ 和形状工具 ▨ 绘制图3-171所示的闭合路径，在属性栏中设置轮廓宽度为 ◨ .35 mm ▾ 。 执行菜单栏中的【排列】/【顺序】/【到页面后面】命令，得到的效果如图3-172所示。

图 3-170

图 3-171

图 3-172

步骤19 使用贝塞尔工具 ▨ 绘制一条曲线，按【F12】键弹出"轮廓笔"对话框，选项及参数设置如图3-173 所示。

步骤20 单击"确定"按钮，得到的效果如图3-174所示。

步骤21 使用选择工具 ▨ 框选图形，单击调色板中的白色 ▢。按【Ctrl】+【G】组合键群组图形，这样就完成 了西服的绘制，整体效果如图3-175所示。

图 3-173

图 3-174

图 3-175

▶▶ 3.3.2 POLO 衫设计

POLO衫的整体效果如图3-176所示。

图 3-176

步骤1 打开CorelDRAW软件，执行菜单栏中的【文件】/【新建】命令，或使用【Ctrl】+【N】组合键，设定纸张大小为A4，如图3-177所示。

图 3-177

步骤2 执行菜单栏中的【文件】/【导入】命令，导入光盘素材中的男装人台模型，如图3-178所示。

步骤3 鼠标单击上方和左方的标尺栏，从上往下、从左往右拖动，在人台上添加9条辅助线，确定衣长、肩宽、领口、袖长、前中等位置，如图3-179所示。

步骤4 使用贝塞尔工具📝和形状工具📝在人台上绘制衣服后片，如在属性栏中设置轮廓宽度为 .35 mm ，得到的效果如图3-180所示。

图 3-178

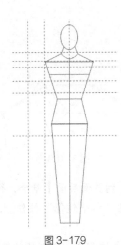

图 3-179

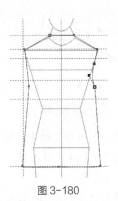

图 3-180

步骤5 使用贝塞尔工具📝和形状工具📝绘制图3-181所示的路径，在属性栏中设置轮廓宽度为 .35 mm 。

步骤6 选择路径，按【+】键复制。单击属性栏中的"水平镜像"按钮📷，并把路径向右平移到一定的位置，如图3-182所示。

步骤7 按住【Shift】键加选路径，单击属性栏中的"合并"按钮📷，得到的效果如图3-183所示。

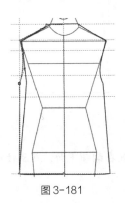

图 3-181

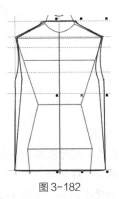

图 3-182

图 3-183

步骤8　使用形状工具⬚，挑选领口处两个节点。单击属性栏中的"连接两个节点"按钮⬚，得到的效果如图
　　　　3-184所示。

步骤9　重复上一步的操作，连接衣摆处两个节点，得到的效果如图3-185所示。

步骤10　使用贝塞尔工具⬚绘制后领座，在属性栏中设置轮廓宽度为 ⬚.35 mm ，得到的效果如图3-186所示。

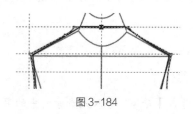
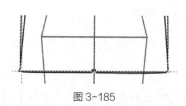
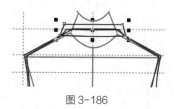

图 3-184　　　　　　　　　　　图 3-185　　　　　　　　　　　图 3-186

步骤11　使用贝塞尔工具⬚绘制翻领，如图3-187所示。

步骤12　按【+】键复制图形，单击属性栏中的"水平镜像"按钮⬚，并把图形向右平移到一定的位置，如图
　　　　3-188所示。

步骤13　使用贝塞尔工具⬚和形状工具⬚绘制左边袖子，在属性栏中设置轮廓宽度为 ⬚.35 mm ，如图3-189所示。

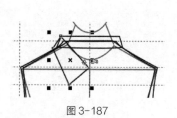
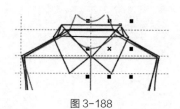
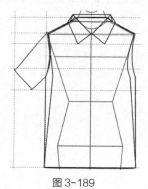

图 3-187　　　　　　　　　　　图 3-188　　　　　　　　　　　图 3-189

步骤14　执行菜单栏中的【排列】/【顺序】/【到页面后面】命令，得到的效果如图3-190所示。

步骤15　按【+】键复制图形，单击属性栏中的"水平镜像"按钮⬚，并把图形向右平移到一定的位置，如图
　　　　3-191所示。

步骤16　使用选择工具⬚挑选人台，按【Delete】键删除，得到的效果如图3-192所示。

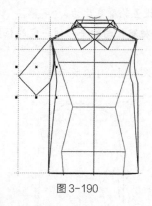
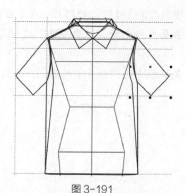

图 3-190　　　　　　　　　　　图 3-191　　　　　　　　　　　图 3-192

步骤17　选择矩形工具⬚绘制门襟，如图3-193所示。

步骤18　执行菜单栏中的【排列】/【顺序】/【置于此对象后】命令，把门襟放置在翻领下面，在属性栏中设
　　　　置轮廓宽度为 ⬚.35 mm ，得到的效果如图3-194所示。

步骤19　选择椭圆形工具⬚，按住【Ctrl】键绘制两个纽扣，如图3-195所示。

图 3-193

图 3-194

图 3-195

步骤20 单击工具箱中的手绘工具，在图3-196所示的袖口、门襟、衣摆等位置绘制6条缉明线，使缉明线处于选择状态，按【F12】键弹出"轮廓笔"对话框，选项及参数设置如图3-197所示。

步骤21 单击"确定"按钮，得到的效果如图3-198所示。

步骤22 使用选择工具框选图形，单击调色板中的白色□。按【Ctrl】+【G】组合键群组图形，这样就完成了POLO衫的绘制，整体效果如图3-199所示。

图 3-196

图 3-197

图 3-198

图 3-199

▶▶ 3.3.3 立领夹克设计

立领夹克的整体效果如图3-200所示。

图 3-200

步骤1 打开CorelDRAW软件，执行菜单栏中的【文件】/【新建】命令，或使用【Ctrl】+【N】组合键，设定纸张大小为A4，如图3-201所示。

图 3-201

步骤2 执行菜单栏中的【文件】/【导入】命令，导入光盘素材中的男装人台模型，如图3-202所示。

步骤3 鼠标单击上方标尺栏，从上往下、从左往右拖动，在人台上添加10条辅助线，确定领高、肩宽、衣长、袖长、袖肥等位置，如图3-203所示。

步骤4 使用贝塞尔工具和形状工具在辅助线和人台基础上绘制夹克左前片，在属性栏中设置轮廓宽度为 .35 mm ，如图3-204所示。

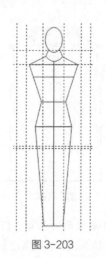
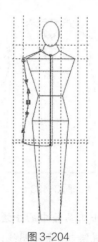

图 3-202   图 3-203   图 3-204

步骤5 使用贝塞尔工具 和形状工具 绘制左袖，在属性栏中设置轮廓宽度为 .35 mm ，如图 3-205 所示。

步骤6 使用选择工具 框选图形，单击调色板中的白色□，得到的效果如图 3-206 所示。

步骤7 使用选择工具 选中袖子，执行菜单栏中的【排列】/【顺序】/【向后一层】命令，把袖子摆放在衣片后面，得到的效果如图 3-207 所示。

步骤8 使用贝塞尔工具 和形状工具 绘制两条分割线，在属性栏中设置轮廓宽度为 .35 mm ，如图 3-208 所示。

步骤9 使用贝塞尔工具 和形状工具 绘制口袋，在属性栏中设置轮廓宽度为 .35 mm ，如图 3-209 所示。

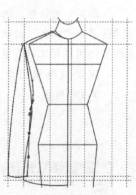

图 3-205

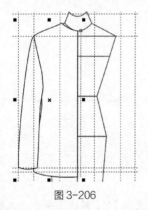
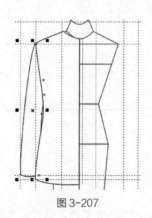
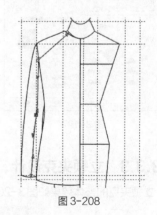

图 3-206   图 3-207   图 3-208

步骤10 单击调色板中的白色□，得到的效果如图 3-210 所示。

步骤11 使用贝塞尔工具 和形状工具 绘制立领，在属性栏中设置轮廓宽度为 .35 mm 并填充白色，得到的效果如图 3-211 所示。

步骤12 执行菜单栏中的【编辑】/【全选】/【辅助线】命令选择所有的辅助线，按【Delete】键删除，删除人台，得到的效果如图 3-212 所示。

步骤13 使用贝塞尔工具 和形状工具 绘制腰带，在属性栏中设置轮廓宽度为 .35 mm 并填充白色，得到的效果如图 3-213 所示。

步骤14 使用贝塞尔工具 和形状工具 绘制衣身和袖子上的褶裥线，在属性栏中设置轮廓宽度为 .2 mm ，得到的效果如图 3-214 所示。

58

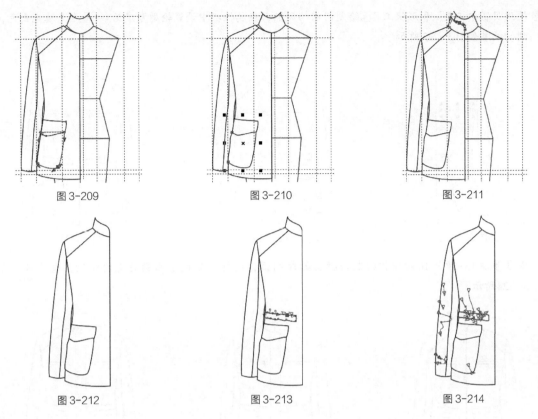

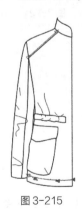

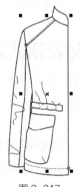

图 3-209 　　　　　　　图 3-210 　　　　　　　图 3-211

图 3-212 　　　　　　　图 3-213 　　　　　　　图 3-214

步骤15 使用贝塞尔工具 和形状工具 在图 3-215 所示的肩部和衣身下摆绘制两条缉明线，使缉明线处于选择状态，按【F12】键弹出"轮廓笔"对话框，选项及参数设置如图 3-216 所示。

步骤16 单击"确定"按钮，得到的效果如图 3-217 所示。

图 3-215 　　　　　　　图 3-216 　　　　　　　图 3-217

步骤17 执行菜单栏中的【文件】/【导入】命令，导入光盘素材中的口袋，如图 3-218 所示。

步骤18 使用选择工具 把口袋摆放在图 3-219 所示的位置。

图 3-218

步骤19 使用选择工具 框选所有图形，按【+】键复制，单击属性栏中的"水平镜像"按钮 ，然后把复制的图形向右平移到一定的位置，得到的效果如图 3-220 所示。

步骤20 使用贝塞尔工具 和形状工具 绘制后领，在属性栏中设置轮廓宽度为 .35 mm 并填充白色，得到的效果如图 3-221 所示。

步骤21 单击选择工具 ，执行菜单栏中的【排列】/【顺序】/【到页面后面】命令，得到的效果如图 3-222 所示。

步骤22 使用贝塞尔工具和形状工具绘制门襟挡风贴，在属性栏中设置轮廓宽度为 ⬚ .35 mm 并填充白色，得到的效果如图3-223所示。

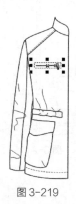
图3-219

图3-220

图3-221

步骤23 重复步骤15~步骤16的操作绘制门襟上的缉明线，这样就完成了立领夹克的绘制，整体效果如图3-224所示。

图3-222

图3-223

图3-224

3.4 女装款式设计

女装的款式极为丰富，类型也多种多样，如连衣裙、外套、晚礼服、休闲裤等。
下面分别介绍连衣裙、休闲短裤、翻毛领外套和棉服的款式设计。

▶▶ 3.4.1 连衣裙设计

连衣裙的整体效果如图3-225所示。

步骤1 打开CorelDRAW软件，执行菜单栏中的【文件】/【新建】命令，或使用【Ctrl】+【N】组合键，设定纸张大小为A4，如图3-226所示。

图3-226

步骤2 执行菜单栏中的【文件】/【导入】命令，导入光盘素材中的女装人台模型，如图3-227所示。

步骤3 鼠标单击上方和左方的标尺栏，从上往下、从左往右拖动，在人台上添加7条辅助线，确定裙长、肩宽、腰节线、胸围等位置，如图3-228所示。

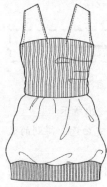
图3-225

步骤4 使用贝塞尔工具 和形状工具 在人台上绘制闭合路径，在属性栏中设置轮廓宽度为 .35 mm ，得到的效果如图3-229所示。

步骤5 使用贝塞尔工具 和形状工具 绘制图3-230所示的曲线，在属性栏中设置轮廓宽度为 .35 mm 。

步骤6 挑选曲线，按【+】键复制，单击属性栏中的"水平镜像"按钮 ，然后把复制的曲线向右平移到一定的位置，如图3-231所示。

步骤7 使用选择工具 框选两条曲线，单击属性栏中的"合并"按钮 ，得到的效果如图3-232所示。

步骤8 使用形状工具 ，挑选胸围线上方两个节点。单击属性栏中的"连接两个节点"按钮 ，得到的效果如图3-233所示。

步骤9 重复上一步的操作，连接腰节线处两个节点，得到的效果如图3-234所示。

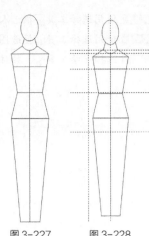

图 3-227   图 3-228

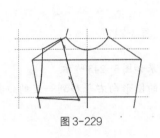

图 3-229

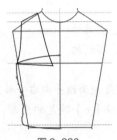

图 3-230

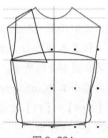

图 3-231

图 3-232

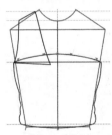

图 3-233

图 3-234

步骤10 重复步骤4~步骤9的操作绘制裙子部分，得到的效果如图3-235所示。

步骤11 使用贝塞尔工具 和形状工具 绘制裙摆部分，在属性栏中设置轮廓宽度为 .35 mm ，得到的效果如图3-236所示。

步骤12 使用选择工具 选择图形，按【+】键复制，单击属性栏中的"水平镜像"按钮 ，把复制的图形向右平移到一定的位置，得到的效果如图3-237所示。

图 3-235

图 3-236

图 3-237

步骤13 使用选择工具▶挑选人台，按【Delete】键删除，得到的效果如图3-238所示。

步骤14 使用选择工具框选图形，单击调色板中的白色□，得到的效果如图3-239所示。

步骤15 选择手绘工具▨，按住【Ctrl】键在裙子上绘制一条直线，如图3-240所示。

图3-238

图3-239

图3-240

步骤16 使用变形工具▨对直线进行拉链变形，在属性栏中设置各项参数，如图3-241所示，得到的效果如图3-242所示。

图3-241

步骤17 使用选择工具▶选择曲线，按【+】键复制曲线并向右平移，得到的效果如图3-243所示。

步骤18 按【Ctrl】+【G】组合键群组图形，按【+】键复制图形，并把复制的图形向右平移到一定的位置，如图3-244所示。

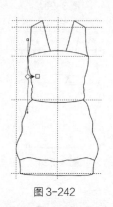

图3-242

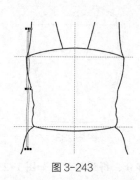

图3-243

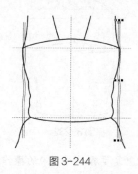

图3-244

步骤19 选择工具箱中的调和工具▨，单击左边的图形往右拖动鼠标至右边图形执行调和效果，如图3-245所示。

步骤20 在属性栏中设置调和的步数为▨16▨，得到的效果如图3-246所示。

步骤21 群组图形，执行菜单栏中的【效果】/【图框精确剪裁】/【置于图文框内部】命令，把图形放置在上衣中，得到的效果如图3-247所示。

图3-245

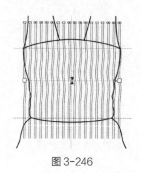

图3-246

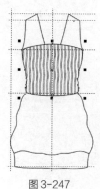

图3-247

步骤22 重复步骤15~步骤21的操作，绘制裙摆处的罗纹效果，如图3-248所示。

步骤23 使用手绘工具 和形状工具 绘制衣纹，在属性栏中设置轮廓宽度为 ，得到的效果如图3-249所示。

步骤24 单击工具箱中的手绘工具 ，在图3-250所示的上衣位置绘制4条缉明线，使缉明线处于选择状态，按【F12】键弹出"轮廓笔"对话框，选项及参数设置如图3-251所示。

步骤25 单击"确定"按钮，这样就完成了连衣裙的绘制，整体效果如图3-252所示。

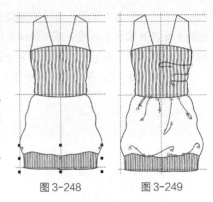

图 3-248　　　　图 3-249

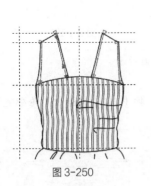

图 3-250

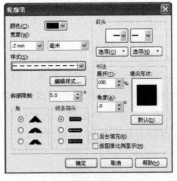

图 3-251

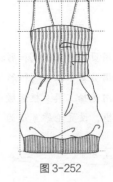

图 3-252

▶▶ 3.4.2　短裤设计

短裤的整体效果如图3-253所示。

图 3-253

步骤1 打开CorelDRAW软件，执行菜单栏中的【文件】/【新建】命令，或使用【Ctrl】+【N】组合键，设定纸张大小为A4，横向摆放，如图3-254所示。

图 3-254

步骤2 鼠标单击上方和左方的标尺栏，从上往下、从左往右拖动，添加辅助线，确定裤长、腰带、裤中线、裤肥等位置，如图3-255所示。

步骤3 使用贝塞尔工具 和形状工具 绘制后片腰头，如图3-256所示。

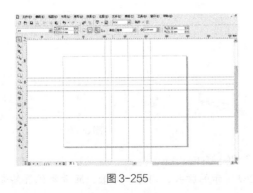

图 3-255

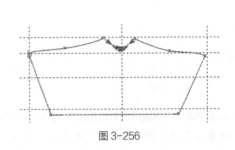

图 3-256

步骤4 使用贝塞尔工具和形状工具绘制裤子前片，如图3-257所示。

步骤5 使用贝塞尔工具分别绘制裤子门襟和挖袋，如图3-258所示。

步骤6 使用选择工具框选图形，单击调色板中的白色□，按【F12】键弹出"轮廓笔"对话框，设置轮廓宽度为 .35 mm ，得到的效果如图3-259所示。

图 3-257

图 3-258

图 3-259

步骤7 使用贝塞尔工具和形状工具绘制3个闭合路径组成腰带，如图3-260所示。

步骤8 使用贝塞尔工具和形状工具绘制"D"字金属环，如图3-261所示。

步骤9 使用选择工具框选腰带和"D"字金属环，单击调色板中的白色□，按【F12】键弹出"轮廓笔"对话框，设置轮廓宽度为 .35 mm ，得到的效果如图3-262所示。

图 3-260

图 3-261

图 3-262

步骤10 选择金属环，执行菜单栏中的【排列】/【顺序】/【置于此对象后】命令，把它放置到腰带后面，得到的效果如图3-263所示。

步骤11 使用贝塞尔工具和形状工具绘制裤口的翻折边，如图3-264所示。

步骤12 使用选择工具框选裤口翻折边，单击调色板中的白色□，按【F12】键弹出"轮廓笔"对话框，设置轮廓宽度为 .35 mm ，得到的效果如图3-265所示。

图 3-263

图 3-264

图 3-265

步骤13 使用手绘工具和形状工具绘制裤子的褶纹，如图3-266所示。

步骤14 使用工具箱中的手绘工具和形状工具，在图3-267所示的腰头、门襟、口袋、腰带等位置绘制若干条缉明线，使缉明线处于选择状态，按【F12】键弹出"轮廓笔"对话框，选项及参数设置如图3-268所示。

图 3-266

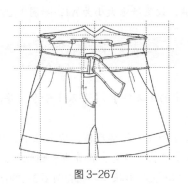

图 3-267

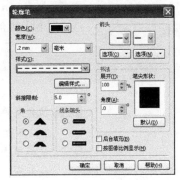

图 3-268

步骤15 单击"确定"按钮，得到的效果如图3-269所示。

步骤16 选择椭圆形工具◯，按住【Ctrl】键绘制纽扣，在属性栏中设置轮廓宽度为 ◻.25 mm，如图3-270所示。

步骤17 使用矩形工具▢绘制裤袢，单击调色板中的白色▢，在属性栏中设置轮廓宽度为 ◻.35 mm，得到的效果如图3-271所示。

图 3-269

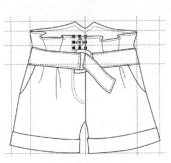

图 3-270

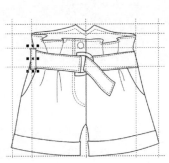

图 3-271

步骤18 使用手绘工具✍绘制裤袢的两条缉明线，如图3-272所示。

步骤19 使用选择工具▷框选图形，按【Ctrl】+【G】组合键群组图形，在属性栏中设置旋转角度为 ↻346.0，如图3-273所示。

步骤20 选择裤袢，按【+】键复制。单击属性栏中的"水平镜像"按钮▥，并把复制的裤袢向右平移到一定的位置，如图3-274所示。

步骤21 使用选择工具▷全选图形，按【Ctrl】+【G】组合键群组图形，这样就完成了短裤的绘制，整体效果如图3-275所示。

图 3-272

图 3-273

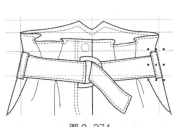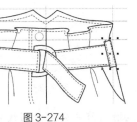

图 3-274

图 3-275

▶▶ 3.4.3 翻毛领外套设计

翻毛领外套的整体效果如图3-276所示。

图3-276

步骤1 打开CorelDRAW软件，执行菜单栏中的【文件】/【新建】命令，或使用【Ctrl】+【N】组合键，设定纸张大小为A4，如图3-277所示。

图3-277

步骤2 执行菜单栏中的【文件】/【导入】命令，导入光盘素材中的女装人台模型，如图3-278所示。

步骤3 鼠标单击上方和左方的标尺栏，从上往下、从左往右拖动，在人台上添加若干条辅助线，确定衣长、肩宽、腰节线、翻驳领、前中线等位置，如图3-279所示。

步骤4 使用贝塞尔工具和形状工具绘制图3-280所示的外套左前片，在属性栏中设置轮廓宽度为 .35 mm 并填充白色。

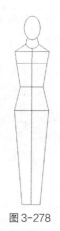

图3-278

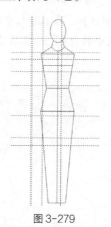

图3-279

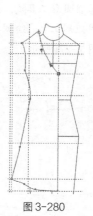

图3-280

步骤5 使用贝塞尔工具和形状工具绘制图3-281所示的左袖，在属性栏中设置轮廓宽度为 .35 mm 。

步骤6 使用贝塞尔工具和形状工具绘制袖子分割线和衣褶，在属性栏中设置轮廓宽度为 .35 mm ，如图3-282所示。

步骤7 使用选择工具挑选袖子及分割线，按【Ctrl】+【G】组合键群组图形并填充白色，再执行菜单栏中的【排列】/【顺序】/【置于此对象后】命令，得到的效果如图3-283所示。

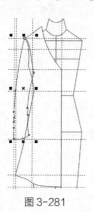

图3-281

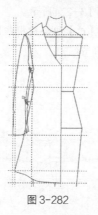

图3-282

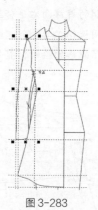

图3-283

步骤8 使用贝塞尔工具和形状工具绘制前片公主分割线和肩部分割线，在属性栏中设置轮廓宽度为 .35 mm ，如图3-284所示。

步骤9 使用工具箱中的手绘工具 ⚙️ 和形状工具 🔧，在图3-285所示的衣摆、肩部、袖口等位置绘制若干条缂明线，使缂明线处于选择状态，按【F12】键弹出"轮廓笔"对话框，选项及参数设置如图3-286所示。

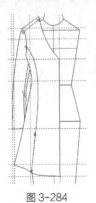

图 3-284

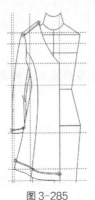

图 3-285

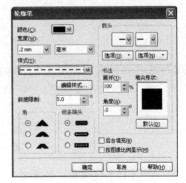

图 3-286

步骤10 单击"确定"按钮，得到的效果如图3-287所示。

步骤11 使用选择工具 ▶ 挑选人台，按【Delete】键删除，得到的效果如图3-288所示。

步骤12 使用选择工具 ▶ 框选图形，按【+】键复制并把复制的图形向右平移到一定的位置，单击属性栏中的"水平镜像"按钮 ⬜️，得到的效果如图3-289所示。

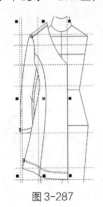

图 3-287

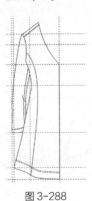

图 3-288

图 3-289

步骤13 执行菜单栏中的【排列】/【顺序】/【置于此对象后】命令，把右片放置到左片下方，得到的效果如图3-290所示。

步骤14 使用贝塞尔工具 ✏️ 和形状工具 🔧 绘制图3-291所示的大翻领，在属性栏中设置轮廓宽度为 ⬜️ .35 mm ▾ 并填充白色。

步骤15 使用形状工具 🔧 框选翻领所有节点，单击两次属性栏中的"添加节点"按钮 🔲，得到的效果如图3-292所示。

图 3-290

图 3-291

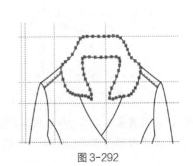

图 3-292

步骤16 选择工具箱中的变形工具，在属性栏中选择拉链变形工具并设置各项参数，如图3-293所示。得到的效果如图3-294所示。

图 3-293

步骤17 在属性栏中选择推拉变形工具并设置各项参数，如图3-295所示。得到的效果如图3-296所示。

图 3-295

图 3-294

步骤18 按【F12】键弹出"轮廓笔"对话框，设置各项参数如图3-297所示，单击"确定"按钮，得到的效果如图3-298所示。

步骤19 使用贝塞尔工具和形状工具绘制图3-299所示的驳领，在属性栏中设置轮廓宽度为 .35 mm 并填充白色。

步骤20 执行菜单栏中的【排列】/【顺序】/【置于此对象后】命令，把驳领放置到翻毛领下方，得到的效果如图3-300所示。

图 3-296

图 3-297

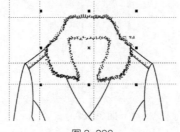

图 3-298

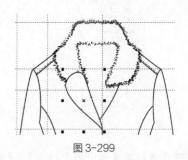

图 3-299

步骤21 按【+】键复制驳领并把复制的图形向右平移到一定的位置，单击属性栏中的"水平镜像"按钮，得到的效果如图3-301所示。

步骤22 执行菜单栏中的【排列】/【顺序】/【置于此对象后】命令，把右驳领放置到衣片下方，得到的效果如图3-302所示。

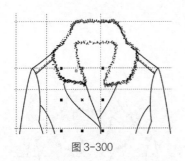

图 3-300

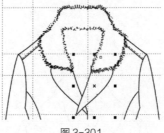

图 3-301

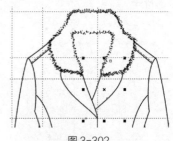

图 3-302

步骤23 使用贝塞尔工具和形状工具绘制图3-303所示的翻领折痕，在属性栏中设置轮廓宽度为 .35 mm 。

步骤24 使用椭圆形工具绘制一个圆形，按【+】键复制后按住【Shift】键往内等比例缩小绘制纽扣，如图

3-304所示。

步骤25 使用选择工具框选图形，按【Ctrl】+【G】组合键群组图形，在属性栏中设置轮廓宽度为 .25 mm 并填充白色，得到的效果如图3-305所示。

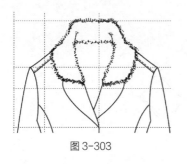
图3-303

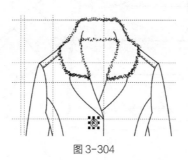
图3-304

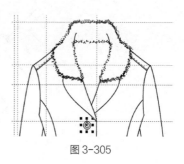
图3-305

步骤26 按【+】键分别复制5个纽扣，并把复制的纽扣摆放在图3-306所示的位置。

步骤27 使用矩形工具绘制口袋，在属性栏中设置轮廓宽度为 .35 mm ，如图3-307所示。

步骤28 单击鼠标左键并把矩形的中心点向下平移到图3-308所示的分割线的位置。

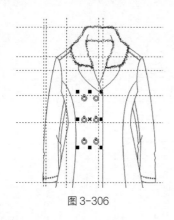
图3-306

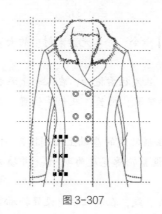
图3-307

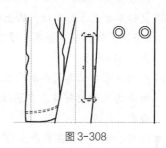
图3-308

步骤29 在属性栏中设置旋转角度为 355.6 ，按【Enter】键填充白色，得到的效果如图3-309所示。

步骤30 按【+】键复制图形并把复制的口袋向右平移到一定的位置，单击属性栏中的"水平镜像"按钮，得到的效果如图3-310所示。

步骤31 使用选择工具全选图形，按【Ctrl】+【G】组合键群组图形，这样就完成了翻毛领外套的绘制，整体效果如图3-311所示。

图3-309

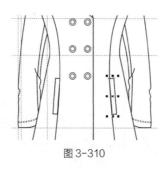
图3-310

图3-311

▶▶ 3.4.4 棉服设计

棉服的整体效果如图3-312所示。

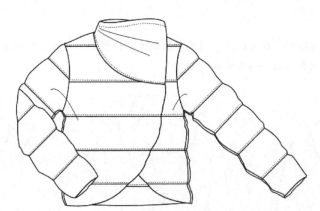

图 3-312

步骤1 打开CorelDRAW软件，执行菜单栏中的【文件】/【新建】命令，或使用【Ctrl】+【N】组合键，设定纸张大小为A4，如图3-313所示。

图 3-313

步骤2 执行菜单栏中的【文件】/【导入】命令，导入光盘素材中的女装人台模型，如图3-314所示。

步骤3 鼠标单击上方标尺栏，从上往下、从左往右拖动，在人台上添加9条辅助线，确定领高、肩宽、袖窿深、袖长、衣长等位置，如图3-315所示。

步骤4 使用贝塞尔工具和形状工具在辅助线的基础上绘制图3-316所示的衣身左前片，在属性栏中设置轮廓宽度为 .35 mm 并填充白色。

步骤5 使用手绘工具在衣身上绘制一条直线，在属性栏中设置轮廓宽度为 .35 mm ，得到的效果如图3-317所示。

步骤6 单击选择工具，按【+】键复制一条直线，按住【Ctrl】键向下水平移动到图3-318所示的位置。

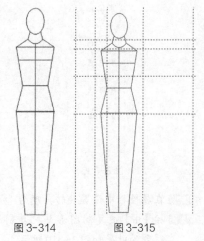

图 3-314   图 3-315

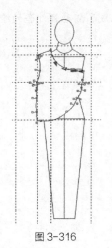

图 3-316

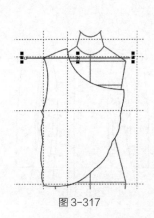

图 3-317

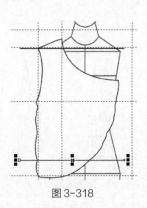

图 3-318

步骤7 选择工具箱中的调和工具，单击上方的直线往下拖动鼠标至下方的直线执行调和效果，如图3-319所示。

步骤8 在属性栏中设置调和的步数为 ⊞3 ▾ ，得到的效果如图3-320所示。

步骤9 单击选择工具 ▶ ，按【+】键复制一组直线，按住【Ctrl】键向上水平移动到图3-321所示的位置。

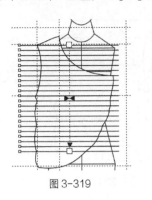

图 3-319

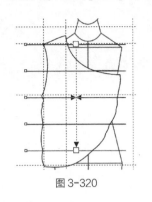

图 3-320

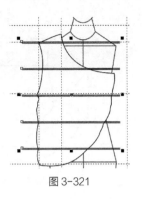

图 3-321

步骤10 按【F12】键弹出"轮廓笔"对话框，设置各项参数如图3-322所示。

步骤11 单击"确定"按钮，得到的效果如图3-323所示。

步骤12 使用选择工具 ▶ 框选两组直线，执行菜单栏中的【效果】/【图框精确剪裁】/【置于图文框内部】命令，得到的效果如图3-324所示。

图 3-322

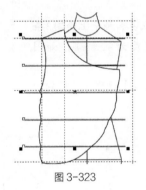

图 3-323

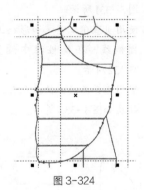

图 3-324

步骤13 使用贝塞尔工具 ▶ 和形状工具 ▶ 在衣身上绘制一条褶裥线，在属性栏中设置轮廓宽度为 ⊟.35 mm ，如图3-325所示。

步骤14 使用选择工具 ▶ 框选图形，按【+】键复制图形。单击属性栏中的"水平镜像"按钮 ▥ ，并把复制的图形向右平移到图3-326所示的位置。

步骤15 执行菜单栏中的【排列】/【顺序】/【向后一层】命令，得到的效果如图3-327所示。

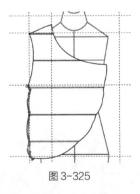

图 3-325

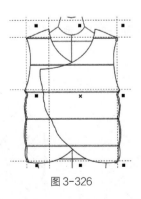

图 3-326

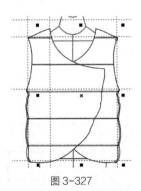

图 3-327

步骤16 使用贝塞尔工具 ▶ 和形状工具 ▶ 在辅助线基础上绘制图3-328所示的左袖翻折效果，在属性栏中设置轮廓宽度为 ⊟.35 mm 并填充白色。

步骤17 使用贝塞尔工具 和形状工具 绘制图3-329所示的左袖口，在属性栏中设置轮廓宽度为 .35 mm 并填充白色。

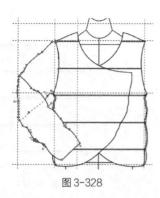

图3-328

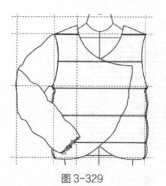

图3-329

步骤18 使用贝塞尔工具 和形状工具 在辅助线基础上绘制图3-330所示的右袖，在属性栏中设置轮廓宽度为 .35 mm 并填充白色。

步骤19 重复步骤5~步骤12的操作，完成袖子分割绗线效果，如图3-331所示。

步骤20 使用贝塞尔工具 和形状工具 在衣身和袖子上绘制3条褶裥线，在属性栏中设置轮廓宽度为 .35 mm ，如图3-332所示。

步骤21 使用选择工具 挑选人台，按【Delete】键删除，得到的效果如图3-333所示。

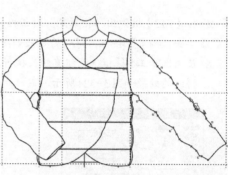

图3-330

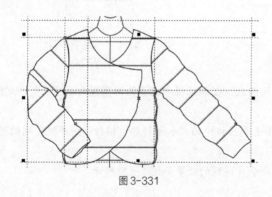

图3-331

图3-332

步骤22 使用贝塞尔工具 和形状工具 绘制图3-334所示的右袖口，在属性栏中设置轮廓宽度为 .35 mm 并填充白色。

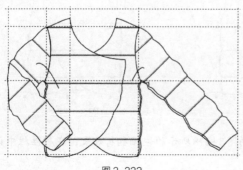

图3-333

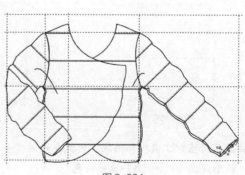

图3-334

步骤 23 使用贝塞尔工具 和形状工具 绘制图3-335所示的立领,在属性栏中设置轮廓宽度为 .35 mm 并填充白色。

步骤 24 使用贝塞尔工具 和形状工具 在领口绘制两条褶裥线,在属性栏中设置轮廓宽度为 .2 mm ,如图3-336所示。

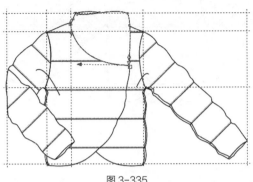

图 3-335

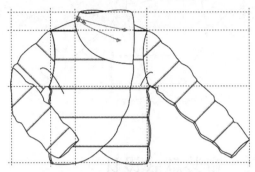

图 3-336

步骤 25 使用贝塞尔工具 和形状工具 在下摆绘制后片,在属性栏中设置轮廓宽度为 .2 mm ,如图3-337所示。

步骤 26 单击选择工具 ,执行菜单栏中的【排列】/【顺序】/【到页面后面】命令,得到的效果如图3-338所示。

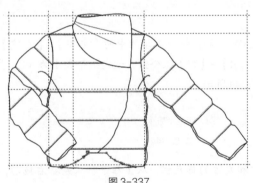

图 3-337

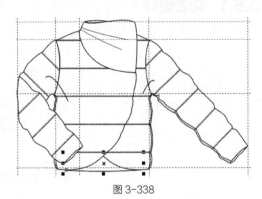

图 3-338

步骤 27 使用工具箱中的手绘工具 和形状工具 ,在图3-339所示的领口、下摆等位置绘制3条缉明线,使缉明线处于选择状态,按【F12】键弹出"轮廓笔"对话框,选项及参数设置如图3-340所示。

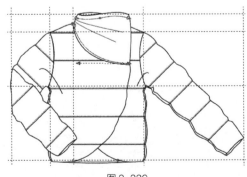

图 3-339

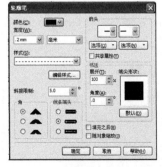

图 3-340

步骤 28 单击"确定"按钮,得到的效果如图3-341所示。

步骤 29 使用选择工具 全选图形,按【Ctrl】+【G】组合键群组图形,这样就完成了棉服的绘制,整体效果如图 3-342 所示。

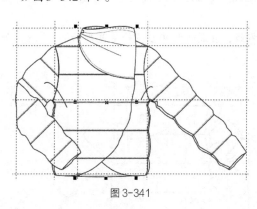

图 3-341

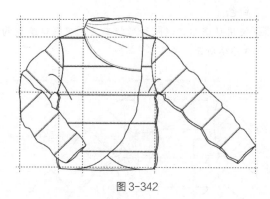

图 3-342

3.5 童装款式设计

根据年龄来分类，童装包括婴儿装、幼儿装和少儿装，婴儿装有爬衣（即连体衣）、绑带和尚服、睡袋、斗篷等，幼儿装有背带裤、背带裙等，少儿装有外套、大衣、夹克衫等，下面重点介绍爬衣、背带裤和绑带和尚服的款式设计。

▶▶ 3.5.1 爬衣设计

爬衣的整体效果如图 3-343 所示。

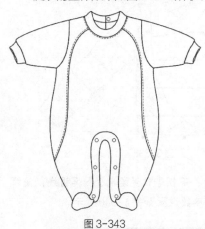

图 3-343

步骤1 打开 CorelDRAW 软件，执行菜单栏中的【文件】/【新建】命令，或使用【Ctrl】+【N】组合键，设定纸张大小为 A4，横向摆放，如图 3-344 所示。

图 3-344

步骤2 鼠标单击上方和左方的标尺栏，从上往下、从左往右拖动，添加辅助线，确定衣长、腰节、中线、袖长、领口、肩宽、裆深等位置，如图 3-345 所示。

步骤3 使用贝塞尔工具和形状工具在辅助线基础上绘制图 3-346 所示的曲线。

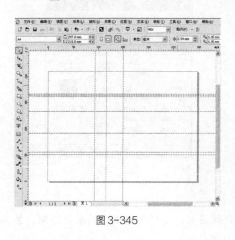

图 3-345

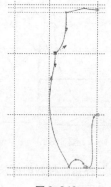

图 3-346

步骤4 选择曲线，按【＋】键复制，单击属性栏中的"水平镜像"按钮▣，然后把复制的曲线向右平移到一定的位置，如图3-347所示。

步骤5 使用选择工具▣框选两条曲线，单击属性栏中的"合并"按钮▣，得到的效果如图3-348所示。

步骤6 使用形状工具▣，挑选领口处两个节点，单击属性栏中的"连接两个节点"按钮▣，得到的效果如图3-349所示。

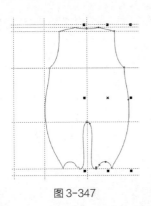

图 3-347

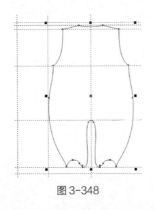

图 3-348

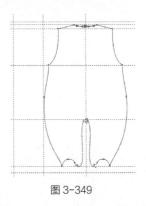

图 3-349

步骤7 重复上一步的操作，连接裤裆处两个节点，得到的效果如图3-350所示。

步骤8 使用贝塞尔工具▣和形状工具▣绘制袖子，如图3-351所示。

步骤9 使用贝塞尔工具▣和形状工具▣绘制袖口，如图3-352所示。

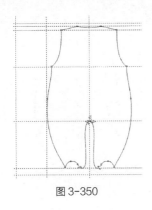

图 3-350

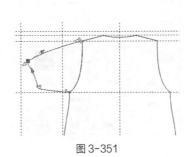

图 3-351

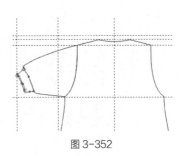

图 3-352

步骤10 使用选择工具▣框选图形，按【Ctrl】＋【G】组合键群组图形。按【＋】键复制，单击属性栏中的"水平镜像"按钮▣，把复制的图形向右平移到一定的位置，得到的效果如图3-353所示。

步骤11 使用贝塞尔工具▣和形状工具▣绘制前、后领口，如图3-354所示。

步骤12 使用贝塞尔工具▣和形状工具▣绘制连裤袜，如图3-355所示。

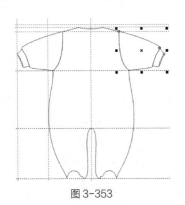

图 3-353

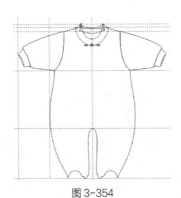

图 3-354

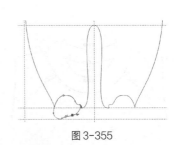

图 3-355

步骤13 按【＋】键复制，单击属性栏中的"水平镜像"按钮🔳，把复制的图形向右平移到一定的位置，如图3-356所示。

步骤14 使用贝塞尔工具🖊和形状工具🖊绘制3条分割线，如图3-357所示。

步骤15 使用选择工具🖊框选图形，单击调色板中的白色□，按【F12】键弹出"轮廓笔"对话框，设置轮廓宽度为 [.35 mm ▾]，得到的效果如图3-358所示。

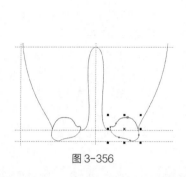

图 3-356

图 3-357

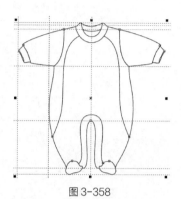

图 3-358

步骤16 使用工具箱中的手绘工具🖊和形状工具🖊，在图3-359所示的领口、分割线位置绘制3条缉明线，使缉明线处于选择状态，按【F12】键弹出"轮廓笔"对话框，选项及参数设置如图3-360所示。

步骤17 单击"确定"按钮，得到的效果如图3-361所示。

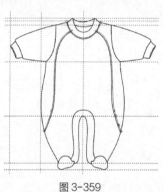

图 3-359

图 3-360

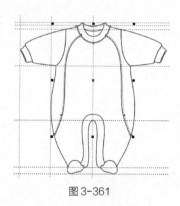

图 3-361

步骤18 使用手绘工具🖊绘制后领分割线，如图3-362所示。

步骤19 选择椭圆形工具◯，按住【Ctrl】键在图3-363所示的位置分别绘制7个四合扣。

步骤20 使用选择工具🖊全选图形，按【Ctrl】＋【G】组合键群组图形，这样就完成了爬衣的绘制，整体效果如图3-364所示。

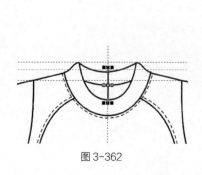

图 3-362

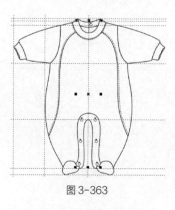

图 3-363

图 3-364

▶▶ 3.5.2 背带裤设计

背带裤的整体效果如图3-365所示。

图 3-365

步骤1 打开CorelDRAW软件，执行菜单栏中的【文件】/【新建】命令，或使用【Ctrl】+【N】组合键，设定纸张大小为A4，横向摆放，如图3-366所示。

图 3-366

步骤2 鼠标单击上方和左方的标尺栏，从上往下、从左往右拖动，添加辅助线，确定裤长、腰节、中线、裤肥、肩宽、裆深等位置，如图3-367所示。

步骤3 使用贝塞尔工具 和形状工具 绘制图3-368所示的裤子前片。

步骤4 使用贝塞尔工具 绘制图3-369所示的裤子前中线和分割线。

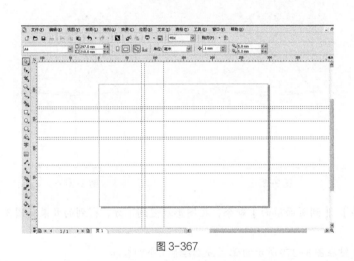

图 3-367

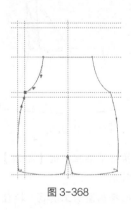

图 3-368

步骤5 使用选择工具 全选图形，单击调色板中的白色□。按【F12】键弹出"轮廓笔"对话框，各项参数设置如图3-370所示。单击"确定"按钮，得到的效果如图3-371所示。

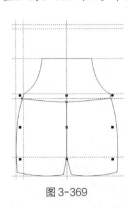

图 3-369

图 3-370

图 3-371

步骤6 使用贝塞尔工具 绘制图3-372所示的两个闭合路径（肩带），在属性栏中设置轮廓宽度为 .35 mm 。

步骤7 使用工具箱中的手绘工具 和形状工具 ，在图3-373所示的位置绘制3条缉明线，使缉明线处于选择状态，按【F12】键弹出"轮廓笔"对话框，选项及参数设置如图3-374所示。

步骤8 单击"确定"按钮，得到的效果如图3-375所示。

图 3-372

图 3-373

图 3-374

步骤⑨ 使用选择工具⬚框选图形，单击调色板中的白色□。执行菜单栏中的【排列】/【顺序】/【到页面后面】命令，把图形放置到下方，得到的效果如图3-376所示。

步骤⑩ 按【+】键复制，单击属性栏中的"水平镜像"按钮⬚，然后把复制的图形向左平移到一定的位置，如图3-377所示。

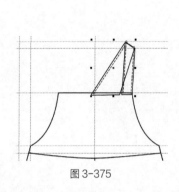

图 3-375

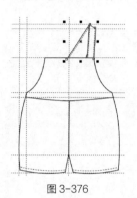

图 3-376

图 3-377

步骤⑪ 执行菜单栏中的【排列】/【顺序】/【到页面后面】命令，把图形放置到下方，得到的效果如图3-378所示。

步骤⑫ 选择椭圆形工具⬚，按住【Ctrl】键在图3-379所示的位置分别绘制6个四合扣。

步骤⑬ 执行菜单栏中的【文件】/【导入】命令，导入3.2.8小节所绘制的贴袋，如图3-380所示。

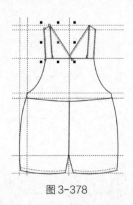

图 3-378

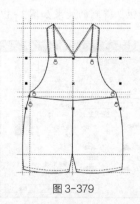

图 3-379

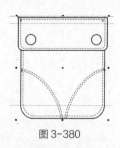

图 3-380

步骤⑭ 选择口袋，按住【Shift】键等比例缩小图形，摆放到图3-381所示的位置。

步骤⑮ 在属性栏中设置旋转角度为 350.0°，得到的效果如图3-382所示。

步骤⑯ 按【+】键复制图形，按住【Ctrl】键把复制的图形往右平移到一定的位置，如图3-383所示。

步骤⑰ 使用工具箱中的手绘工具⬚和形状工具⬚，在图3-384所示的位置绘制5条缉明线，使缉明线处于选择状态，按【F12】键弹出"轮廓笔"对话框，选项及参数设置如图3-385所示。

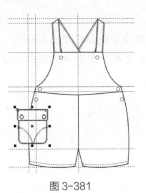

图 3-381

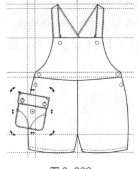

图 3-382

图 3-383

步骤18 单击"确定"按钮，得到的效果如图3-386所示。

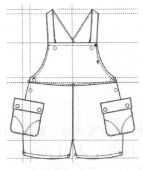

图 3-384

图 3-385

图 3-386

步骤19 单击工具箱中的矩形工具□，绘制一个矩形。在属性栏中设置对象大小，输入矩形大小数值为 ，如图3-387所示。单击属性栏中的"全部圆角"按钮◨，对矩形进行圆角设置，如图3-388所示。

图 3-388

步骤20 在属性栏中设定轮廓线的数值为 🖊 .35 mm ⌄，单击调色板中的白色▢，效果如图3-389所示。

步骤21 使用工具箱中的手绘工具🖊和形状工具🖊，在图3-390所示的位置绘制4条缉明线，使缉明线处于选择状态，按【F12】键弹出"轮廓笔"对话框，选项及参数设置如图3-391所示。

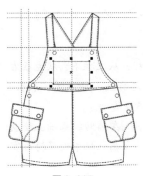

图 3-387

图 3-389

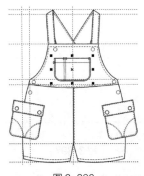

图 3-390

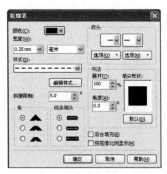

图 3-391

步骤22 单击"确定"按钮，得到的效果如图3-392所示。

步骤23 使用贝塞尔工具![]和形状工具![]绘制图3-393所示的裤褶线，在属性栏中设置轮廓宽度为![.35 mm]。

步骤24 使用选择工具![]全选图形，按【Ctrl】+【G】组合键群组图形，这样就完成了背带裤的绘制，整体效果如图3-394所示。

图 3-392

图 3-393

图 3-394

▶▶ 3.5.3 绑带和尚服设计

绑带和尚服的整体效果如图3-395所示。

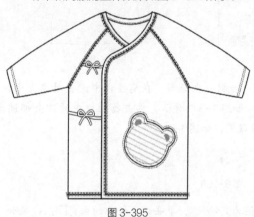

图 3-395

步骤1 打开CorelDRAW软件，执行菜单栏中的【文件】/【新建】命令，或使用【Ctrl】+【N】组合键，设定纸张大小为A4，横向摆放，如图3-396所示。

图 3-396

步骤2 鼠标单击上方和左方的标尺栏，从上往下、从左往右拖动，添加8条辅助线，确定肩线、袖窿深、衣长、中线、袖长等位置，如图3-397所示。

步骤3 使用贝塞尔工具![]和形状工具![]在辅助线基础上绘制图3-398所示的衣身左前片，在属性栏中设置轮廓宽度为![.35 mm]并填充白色。

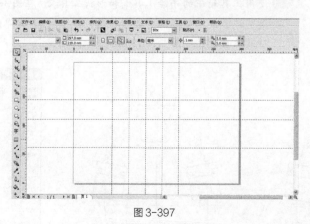

图 3-397

步骤4 使用贝塞尔工具![]和形状工具![]在辅助线基础上绘制图3-399所示的左袖，在属性栏中设置轮廓宽度为![.35 mm]并填充白色。

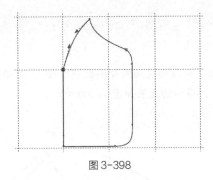
图 3-398

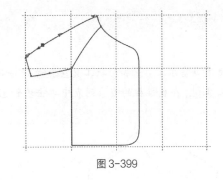
图 3-399

步骤5 使用贝塞尔工具🖊和形状工具🖊与门襟贴合绘制图3-400所示的曲线，在属性栏中设置轮廓宽度为
⬚ .2mm ⬚。

步骤6 单击选择工具🖊，执行菜单栏中的【排列】/【将轮廓转换为对象】命令，在属性栏中设置轮廓宽度为
⬚ .35mm ⬚并填充白色，得到的效果如图3-401所示。

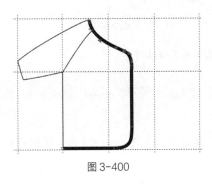
图 3-400

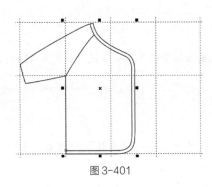
图 3-401

步骤7 使用手绘工具🖊绘制3条直线，设置轮廓宽度为 ⬚ .2mm ⬚，如图3-402所示。使用贝塞尔工具🖊在直线
上绘制一条路径，设置轮廓宽度为 ⬚ .2mm ⬚，如图3-403所示。

步骤8 使用选择工具🖊框选图形，按住【Ctrl】+【G】组合键群组图形，得到的效果如图3-404所示。按
【F12】键弹出"轮廓笔"对话框，选项及参数设置如图3-405所示。

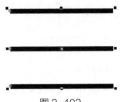
图 3-402

图 3-403

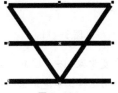
图 3-404

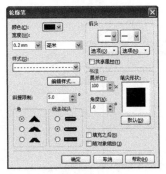
图 3-405

步骤9 单击"确定"按钮，得到的效果如图3-406所示。

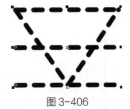
图 3-406

步骤10 单击工具箱中的艺术笔工具🖊，选择属性栏中的"自定义"、"新喷涂列
表"，单击属性栏中的"添加到喷涂列表"按钮🔲把绘制好的图形自定
义为艺术画笔，在属性栏中设置各项参数，如图3-407所示。

图 3-407

步骤11 使用贝塞尔工具和形状工具绘制图3-408所示的曲线（要与插肩袖的分割线相贴合）。选择艺术笔工具，在属性栏的喷涂列表中单击坎针艺术笔，得到的效果如图3-409所示。

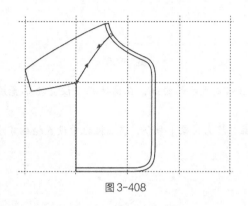

图 3-408

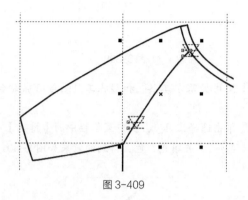

图 3-409

步骤12 在属性栏中设置各项参数，如图3-410所示。得到的效果如图3-411所示。

图 3-410

步骤13 单击属性栏中的"旋转"按钮，选择"相对于路径"单选项，如图3-412所示。得到的效果如图3-413所示。

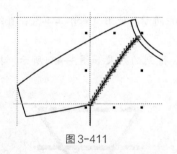

图 3-411

图 3-412

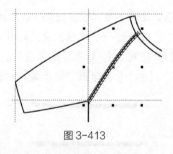

图 3-413

步骤14 重复步骤11~步骤13的操作，绘制门襟上的坎针线迹，得到的效果如图3-414所示。

步骤15 使用选择工具框选所有图形，按【+】键复制图形。单击属性栏中的"水平镜像"按钮，然后按住【Ctrl】键把复制的图形往右平移到一定的位置，如图3-415所示。

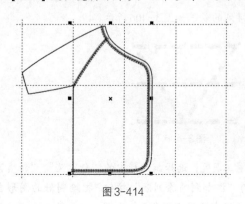

图 3-414

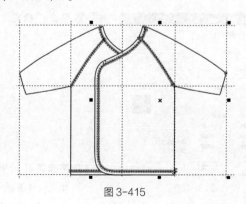

图 3-415

步骤16 使用贝塞尔工具 和形状工具 绘制图3-416所示的后片，在属性栏中设置轮廓宽度为 .35 mm 并填充白色。

步骤17 单击选择工具 ，执行菜单栏中的【排列】/【顺序】/【到页面后面】命令，得到的效果如图3-417所示。

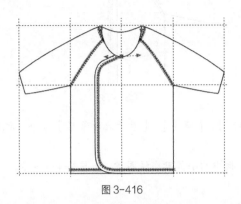

图 3-416

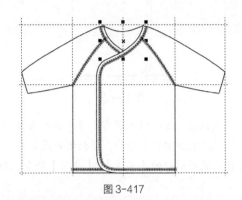

图 3-417

步骤18 重复步骤5~步骤6的操作，绘制后领口的捆条，得到的效果如图3-418所示。

步骤19 单击选择工具 ，执行菜单栏中的【排列】/【顺序】/【置于此对象后】命令，把图形摆放在衣身前片后面，得到的效果如图3-419所示。

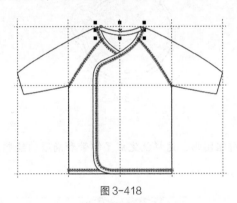

图 3-418

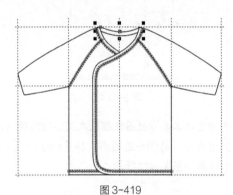

图 3-419

步骤20 使用贝塞尔工具 和形状工具 ，在图3-420所示的后领口和袖口绘制5条缉明线，使缉明线处于选择状态，按【F12】键弹出"轮廓笔"对话框，选项及参数设置如图3-421所示。

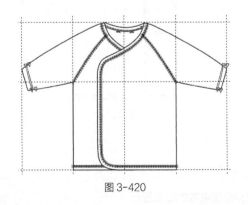

图 3-420

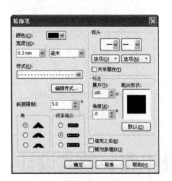

图 3-421

步骤21 单击"确定"按钮，得到的效果如图3-422所示。

步骤22 使用贝塞尔工具 和形状工具 在胸前绘制绑带，在属性栏中设置轮廓宽度为 .35 mm 并填充白色，得到的效果如图3-423所示。

图 3-422

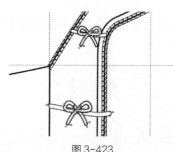

图 3-423

步骤23 使用选择工具 ▷框选所有绑带，执行菜单栏中的【排列】/【顺序】/【置于此对象后】命令，把图形摆放在衣身右前片后面，得到的效果如图 3-424 所示。

步骤24 执行菜单栏中的【文件】/【导入】命令，导入光盘素材中的小熊贴布绣图案，如图 3-425 所示。

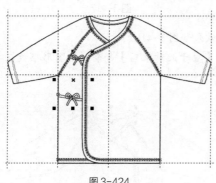

图 3-424

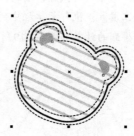

图 3-425

步骤25 使用选择工具 ▷把图案摆放在图 3-426 所示的位置。

步骤26 使用选择工具 ▷全选图形，按【Ctrl】+【G】组合键群组图形，这样就完成了绑带和尚服的绘制，整体效果如图 3-427 所示。

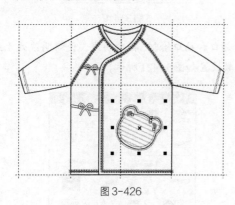

图 3-426

图 3-427

3.6 针织服装款式设计

针织服装可分为针织毛衣、内衣、外衣和配件等，下面重点介绍毛衣的款式设计。

毛衣的整体效果如图 3-428 所示。

步骤1 打开 CorelDRAW 软件，执行菜单栏中的【文件】/【新建】命令，或使用【Ctrl】+【N】组合键，设定纸张大小为 A4，横向摆放，如图 3-429 所示。

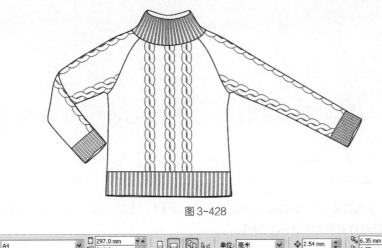

图 3-428

图 3-429

步骤2 鼠标单击上方和左方的标尺栏，从上往下、从左往右拖动，添加辅助线，确定衣长、袖长、袖窿、领高、领宽、袖翻折等位置，如图3-430所示。

步骤3 使用贝塞尔工具和形状工具在辅助线的基础上绘制衣身，如图3-431所示。

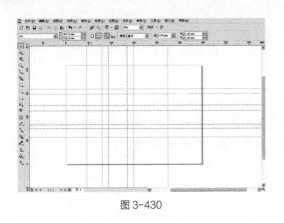

图 3-430

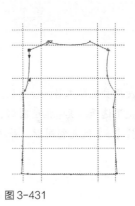

图 3-431

步骤4 使用贝塞尔工具和形状工具绘制右边插肩袖，如图3-432所示。

步骤5 使用贝塞尔工具和形状工具绘制左边袖子，如图3-433所示。

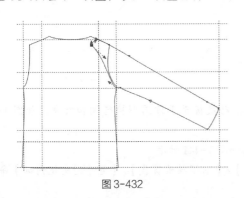

图 3-432

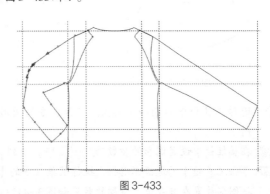

图 3-433

步骤6 使用贝塞尔工具和形状工具，在左袖的基础上再绘制一个闭合路径，便于毛衣花纹的填充，如图3-434所示。

步骤7 使用贝塞尔工具和形状工具绘制衣领，如图3-435所示。

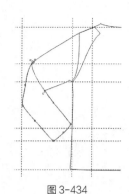

图 3-434

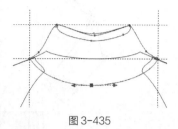

图 3-435

步骤8 使用选择工具⬚框选图形，单击调色板中的白色□，按【F12】键弹出"轮廓笔"对话框，设置轮廓宽度为 ⬚.35 mm，得到的效果如图3-436所示。

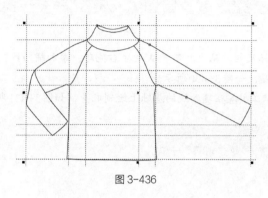

图 3-436

步骤9 使用贝塞尔工具⬚和形状工具⬚在领口绘制毛衣花纹，如图3-437所示。

步骤10 使用选择工具⬚框选图形，单击属性栏中的"合并"按钮⬚结合图形，得到的效果如图3-438所示。

步骤11 按【+】键复制图形，并把复制的图形向下平移到一定的位置，如图3-439所示。

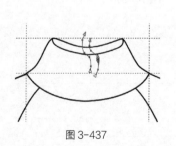

图 3-437

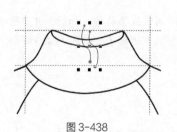

图 3-438

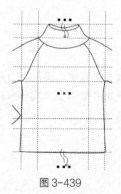

图 3-439

步骤12 选择工具箱中的调和工具⬚，单击上方的图形往下拖动鼠标至下方图形执行调和效果，如图3-440所示。

步骤13 在属性栏中设置调和的步数为 ⬚15 ⬚，得到的效果如图3-441所示。

步骤14 单击工具箱中的选择工具⬚，执行菜单栏中的【效果】/【图框精确剪裁】/【置于图文框内部】命令，把图形放置在衣身中，得到的效果如图3-442所示。

步骤15 单击鼠标右键，弹出菜单，如图3-443所示。单击"编辑PowerClip"命令，得到的效果如图3-444所示。

步骤16 选择图形，按两次【+】键复制毛衣的纹样，并把复制的纹样向左右两边移动，得到的效果如图3-445所示。

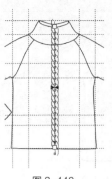

图 3-440

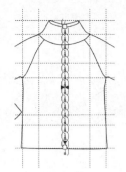

图 3-441

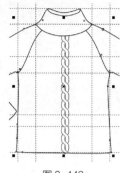

图 3-442

图 3-443

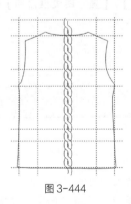

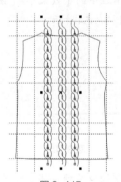

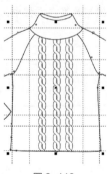

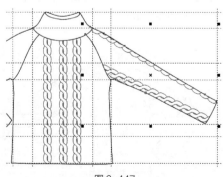

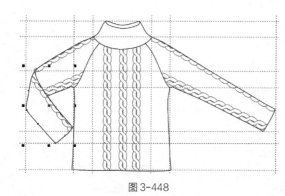

图 3-448

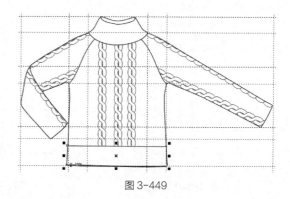

图 3-449

步骤22 使用选择工具 📐 框选两条直线，按【Ctrl】+【G】组合键群组图形。按【+】键复制图形，并把复制的图形向右平移到一定的位置，如图 3-451 所示。

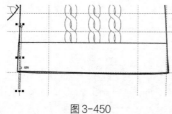

图 3-450

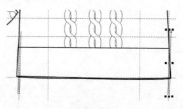

图 3-451

步骤23 选择工具箱中的调和工具 📐，单击左边的图形往右拖动鼠标至右边图形执行调和效果，如图 3-452 所示。

步骤24 在属性栏中设置调和的步数为 📐 28 📐，得到的效果如图 3-453 所示。

步骤25 单击工具箱中的选择工具 📐，执行菜单栏中的【效果】/【图框精确剪裁】/【置于图文框内部】命令，把图形放置在衣摆中，得到的效果如图 3-454 所示。

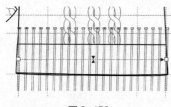

图 3-452

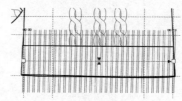

图 3-453

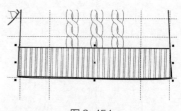

图 3-454

步骤26 重复步骤21~步骤25的操作，分别绘制领口及袖口部分的罗纹，得到的效果如图 3-455 所示。

步骤27 使用选择工具 📐 全选图形，按【Ctrl】+【G】组合键群组图形，这样就完成了毛衣的绘制，整体效果如图 3-456 所示。

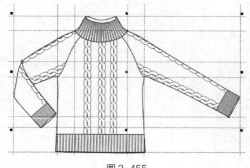

图 3-455

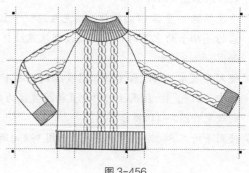

图 3-456

3.7 本章小结

　　服装款式设计是纸样设计的重要依据，包括轮廓线的设计和结构线的设计。在绘制服装款式图时，首先要注意外轮廓的设计，也就是衣型的设计（例如女装衣型要纤细，腰线非常重要；男装衣型较宽松；而童装衣型较肥，没有腰身等）；其次要注意各种结构线、特殊工艺、缉明线以及衣纹的表现。

3.8 练习与思考

1. 在绘制服装款式图时主要用到CorelDRAW X6中的哪些工具和命令？
2. 设计10款不同造型的口袋。
3. 设计10个不同造型的领子。
4. 设计并绘制一款女式休闲西服。
5. 设计并绘制一款针织T恤。
6. 设计并绘制一款毛衣。

第 **4** 章

服饰图案的设计及表现

服饰图案是人们衣物上有装饰意味的花纹和图形。服饰图案常装饰在服装的显眼部位，如前胸、后背、肩、领、门襟、下摆、袖口、裤脚口等。在服饰图案中最常使用的是花卉图案和几何图案。

4.1 服饰图案的表现形式

图案在服装中的应用，可以通过以下几种形式来表现。

• 印花图案：通过丝网印刷或电脑印刷工艺把图案印制在各种服装面料上，如图4-1所示是丝网印花图案。

• 绣花图案：通过网绣、珠绣、机绣、盘绣、绒绣、贴布绣、绣章等工艺手段，可以把图案刺绣在各种服装面料上，如图4-2所示为珠绣图案、图4-3所示为贴布绣图案。

• 扎染、蜡染图案：通过蜡染、扎染的防染手段使服装面料具有虚实相印的肌理效果，如图4-4所示为扎染图案。

• 针织图案：通过连续的面料纹样来表现图案，如图4-5所示为针织毛衣图案。

图 4-1

图 4-2

图 4-3

图 4-4

图 4-5

4.2 印花图案设计

印花图案是指用染料或者颜料把图案印制在各种服装面料上，在男装中（如T恤、休闲衬衫等）经常使用印花图案和徽章图案作为装饰，下面具体介绍男装T恤印花和徽章图案的设计。

▶▶ 4.2.1 T恤印花图案设计

T恤印花图案整体效果如图4-6所示。

图4-6

步骤1 打开CorelDRAW软件，执行菜单栏中的【文件】/【新建】命令，或使用【Ctrl】+【N】组合键，设定纸张大小为A4，横向摆放，如图4-7所示。

图4-7

步骤2 使用贝塞尔工具 和形状工具 绘制图4-8所示的翅膀造型。

步骤3 选择图形，按【+】键复制图形，并把复制的图形旋转排列成图4-9所示的小羽翼造型。

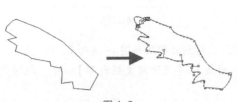

图4-8

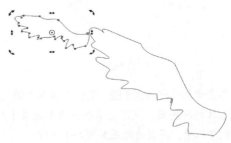

图4-9

步骤4 重复上一步操作，复制其余的羽翼，得到的效果如图4-10所示。

步骤5 使用贝塞尔工具 和形状工具 绘制图4-11所示的图形。

图4-10

图4-11

步骤6 使用选择工具 框选所有图形，按【Ctrl】+【G】组合键群组图形。单击调色板中的⊠按钮，去除轮廓线。选择工具箱中的均匀填充工具 ■ 均匀填充，在弹出的"均匀填充"对话框中设置填色的CMYK值为（0，0，0，20），并单击"确定"按钮，得到的效果如图4-12所示。

步骤7 按【+】键复制图形，单击属性栏中的"水平镜像"按钮 ，把复制的图形向右平移到一定的位置，如图4-13所示。

图4-12

图4-13

步骤8 使用选择工具▯框选所有图形，按【Ctrl】+【G】组合键群组图形，翅膀印花图案就绘制好了，如图 4-14 所示。

步骤9 执行菜单栏中的【文件】/【导入】命令，导入第 3 章所绘制的男装 POLO 衫款式图，如图 4-15 所示。

| 图 4-14 | 图 4-15 |

步骤10 单击调色板中的黑色▮，鼠标右键单击调色板中的白色▯，得到的效果如图 4-16 所示。

步骤11 选择翅膀图案，执行菜单栏中的【效果】/【图框精确剪裁】/【置于图文框内部】命令，把图案放置到 T 恤中，得到的效果如图 4-17 所示。

| 图 4-16 | 图 4-17 |

步骤12 单击鼠标右键，弹出菜单。单击"编辑 PowerClip"命令，得到的效果如图 4-18 所示。

步骤13 单击图案，在属性栏中设置旋转角度为 ▯18.0 ▯，并把图案摆放在合适的位置，如图 4-19 所示。

步骤14 按【+】键复制图案，并把复制的图案摆放在 T 恤的肩部，如图 4-20 所示。

步骤15 执行菜单栏中的【效果】/【图框精确剪裁】/【结束编辑】命令，这样就完成了 T 恤印花图案的绘制，整体效果如图 4-21 所示。

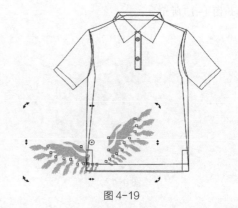

| 图 4-18 | 图 4-19 |

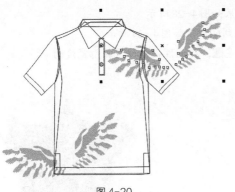

图 4-20

图 4-21

▶▶ 4.2.2 徽章图案设计

徽章图案的整体效果如图4-22所示。

步骤1 打开CorelDRAW软件，执行菜单栏中的【文件】/【新建】命令，或使用【Ctrl】+【N】组合键，设定纸张大小为A4，横向摆放，如图4-23所示。

图 4-23

步骤2 使用贝塞尔工具 和形状工具 绘制图4-24所示的曲线。

步骤3 挑选曲线，按【+】键复制，单击属性栏中的"水平镜像"按钮 ，然后把复制的曲线向右平移到一定的位置，如图4-25所示。

图 4-22

图 4-24

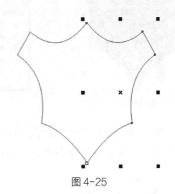

图 4-25

步骤4 使用选择工具 框选两条曲线，单击属性栏中的合并按钮 ，得到的效果如图4-26所示。

步骤5 使用形状工具 ，挑选图4-27所示的两个节点。

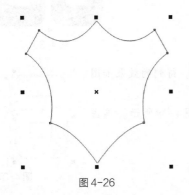

图 4-26

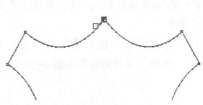

图 4-27

步骤6 单击属性栏中的"连接两个节点"按钮，得到的效果如图4-28所示。

步骤7 重复步骤5~步骤6的操作，连接下方的两个节点，得到的效果如图4-29所示。

步骤8 单击调色板中的黑色■，鼠标右键单击调色板中的红色■，在属性栏中设置轮廓宽度为 .25 mm，得到的效果如图4-30所示。

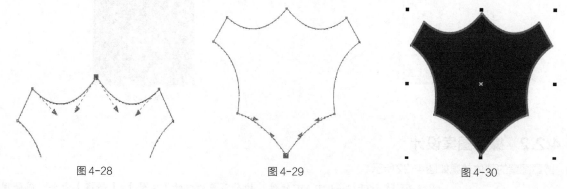

图4-28　　　　　　　图4-29　　　　　　　图4-30

步骤9 按【+】键复制图形，按【Shift】键等比例缩小图形，得到的效果如图4-31所示。

步骤10 按【F12】键弹出"轮廓笔"对话框，各项参数设置如图4-32所示。单击"确定"按钮，得到的效果如图4-33所示。

 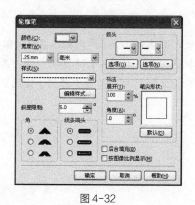 

图4-31　　　　　　　图4-32　　　　　　　图4-33

步骤11 使用文本工具输入"68"数字，如图4-34所示。

步骤12 在属性栏中设置字体及大小参数，如图4-35所示。得到的效果如图4-36所示。

图4-34　　　　　　　图4-35　　　　　　　图4-36

步骤13 单击调色板中的白色□，鼠标右键单击调色板中的红色■，得到的效果如图4-37所示。

步骤14 按【F12】键弹出"轮廓笔"对话框，各项参数设置如图4-38所示。单击"确定"按钮，得到的效果如图4-39所示。

图4-37

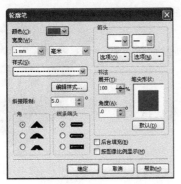

图 4-38

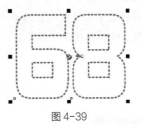

图 4-39

步骤15 单击工具箱中的轮廓工具█，在属性栏中设置各项参数，如图4-40所示。
得到的效果如图4-41所示。

图 4-40

图 4-41

步骤16 单击选择工具█，执行菜单栏中的【排列】/【拆分轮廓图群组】命令，如
图 4-42所示。

图 4-42

步骤17 使用选择工具█选择所拆分的轮廓图形，用鼠标右键单击调色板中的█按钮，得到的效果如图4-43所示。
步骤18 使用选择工具█框选数字图案，并把图案摆放在图形中，如图4-44所示。

图 4-43

图 4-44

步骤19 使用选择工具▣全选图形，按【Ctrl】+【G】组合键群组图形，这样就
完成了徽章图案的绘制，整体效果如图4-45所示。

步骤20 执行菜单栏中的【文件】/【导入】命令，导入4.2.1小节所绘制的男装
T恤印花图，如图4-46所示。

步骤21 把绘制好的徽章图案摆放在图4-47所示的位置。

步骤22 群组图形，这样就完成了男装T恤的整体图案设计，效果如图4-48所示。

图4-45

图4-46　　　　　　　　　　　图4-47　　　　　　　　　　　图4-48

4.3　绣花图案设计

绣花在服饰图案中是最常见的工艺方法，在女装中（如T恤、裙子、休闲裤等）经常使用绣花图案作为装饰，下面具体介绍女装休闲裤绣花图案的设计。

▶▶ 4.3.1　绣花图案设计

绣花图案的整体效果如图4-49所示。

图4-49

步骤1 打开CorelDRAW软件，执行菜单栏中的【文件】/【新建】命令，或使用【Ctrl】+【N】组合键，设定纸张大小为A4，横向摆放，如图4-50所示。

图4-50

步骤2 使用贝塞尔工具▣和形状工具▣绘制图4-51所示的蝴蝶图案。

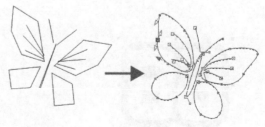

图4-51

步骤3 单击【F12】键弹出"轮廓笔"对话框，各项参数设置如图4-52所示，轮廓线填色的CMYK值为（13，60，45，0）。

步骤4 单击"确定"按钮，得到的效果如图4-53所示。

步骤5 使用椭圆形工具◯，按住【Ctrl】键绘制两个圆形，如图4-54所示。

图4-52　　　　　　　　　图4-53　　　　　　　　　图4-54

步骤6 按【F12】键弹出"轮廓笔"对话框，各项参数设置如图4-55所示，轮廓线填色的CMYK值为（13，60，45，0）。

步骤7 单击"确定"按钮，得到的效果如图4-56所示。

步骤8 使用选择工具▯框选两个圆形，按【Ctrl】+【G】组合键群组图形。反复按【+】键复制5个图形，并把复制的图形摆放到一定的位置，如图4-57所示。

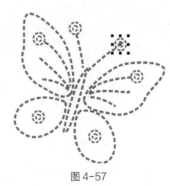

图4-55　　　　　　　　　图4-56　　　　　　　　　图4-57

步骤9 使用选择工具▯全选图形，按【Ctrl】+【G】组合键群组。按【+】键复制图形，按【Shift】键等比例放大图形，在属性栏中设置旋转角度为 40.0 °，并把复制的图形向下平移到一定的位置，如图4-58所示。

步骤10 按【+】键复制图形，按住【Shift】键等比例缩小图形，并把复制的图形向上平移到一定的位置，如图4-59所示。

步骤11 使用贝塞尔工具▯和形状工具▯绘制图4-60所示的花卉图案。

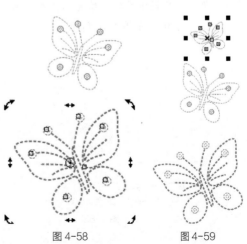

图4-58　　　　　　　　　图4-59

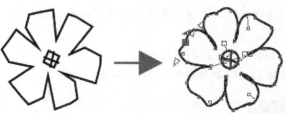

图 4-60

步骤12 使用选择工具▣框选花卉图案，单击属性栏中的"合并"按钮▣结合图形。按【F12】键弹出"轮廓笔"对话框，各项参数设置如图4-61所示，轮廓线填色的CMYK值为（13，60，45，0）。

步骤13 单击"确定"按钮，得到的效果如图4-62所示。

步骤14 反复按【+】键复制4个图形，并把复制的图形摆放到一定的位置，如图4-63所示。

步骤15 使用选择工具▣全选图形，按【Ctrl】+【G】组合键群组图形，如图4-64所示。

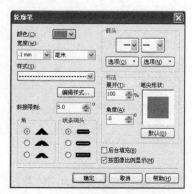

图 4-61

图 4-62

图 4-63

图 4-64

步骤16 执行菜单栏中的【文件】/【导入】命令，导入第3章所绘制的女装短裤款式图，如图4-65所示。

步骤17 单击工具箱中的均匀填充工具 ▣ 均匀填充，弹出"均匀填充"对话框，设置填充色彩的CMYK值为（2，11，7，0），如图4-66所示。

图 4-65

图 4-66

步骤18 单击"确定"按钮，得到的效果如图4-67所示。

步骤19 选择蝴蝶图案，执行菜单栏中的【效果】/【图框精确剪裁】/【置于图文框内部】命令，把图案放置到短裤中，得到的效果如图4-68所示。

步骤20 单击鼠标右键，弹出菜单，单击"编辑PowerClip"命令，得到的效果如图4-69所示。

图4-67　　　　图4-68　　　　图4-69

步骤21 选择图案，并把图案移动摆放在图4-70所示的位置。

步骤22 按【＋】键复制图案，单击属性栏中的"水平镜像"按钮，并把复制的图案向左移动到一定的位置，如图4-71所示。

步骤23 执行菜单栏中的【效果】/【图框精确剪裁】/【结束编辑】命令，这样就完成了短裤绣花图案的绘制，整体效果如图4-72所示。

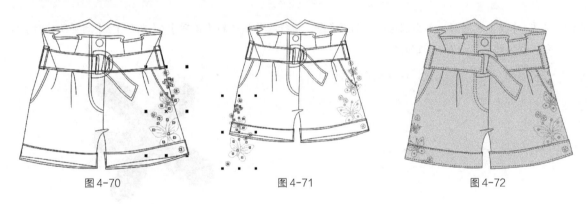

图4-70　　　　图4-71　　　　图4-72

▶▶ 4.3.2　贴布绣图案设计

贴布绣也称补花绣，是一种将其他布料剪贴绣缝在服饰上的刺绣形式。其绣法是将贴花布按图案要求剪好，贴在绣面上，贴好后再用各种针法锁边。贴布绣图案以块面为主，绣法简单，风格别致大方。休闲装设计中经常会使用贴布绣图案装饰。下面具体介绍贴布绣图案的设计与表现方法。

贴布绣图案的整体效果如图4-73所示。

步骤1 打开CorelDRAW软件，执行菜单栏中的【文件】/【新建】命令，或使用【Ctrl】+【N】组合键，设定纸张大小为A4，横向摆放，如图4-74所示。

图4-74

图4-73

步骤2 使用贝塞尔工具和形状工具绘制图4-75所示的图形。

步骤3　按【+】键复制图形，按【Shift】键等比例放大图形，得到的效果如图
　　　4-76所示。

步骤4　使用形状工具⬚框选大的图形所有的节点，如图4-77所示。

步骤5　单击3次属性栏中的"添加节点"按钮⬚，得到的效果如图4-78所示。

步骤6　选择变形工具⬚，在属性栏中设置拉链变形的各项数值，如图4-79所示。
　　　得到的效果如图4-80所示。

图 4-75

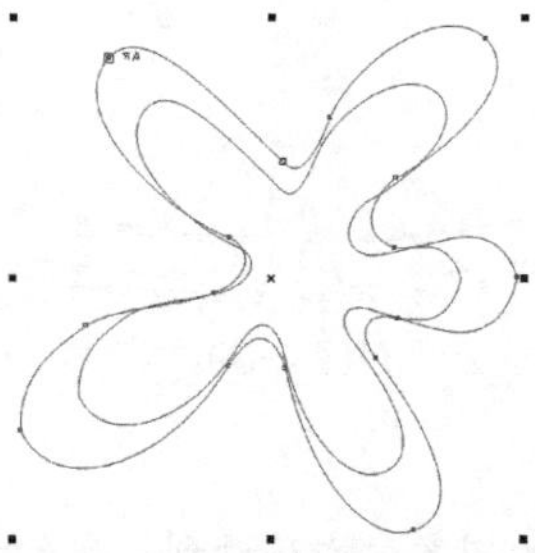

图 4-76　　　　　　　　　　　图 4-77　　　　　　　　　　　图 4-78

图 4-79

步骤7　按【+】键复制图形，单击调色板中的黑色▮，执行菜单栏中的【排列】/【顺序】/【到页面后面】命
　　　令，得到的效果如图4-81所示。

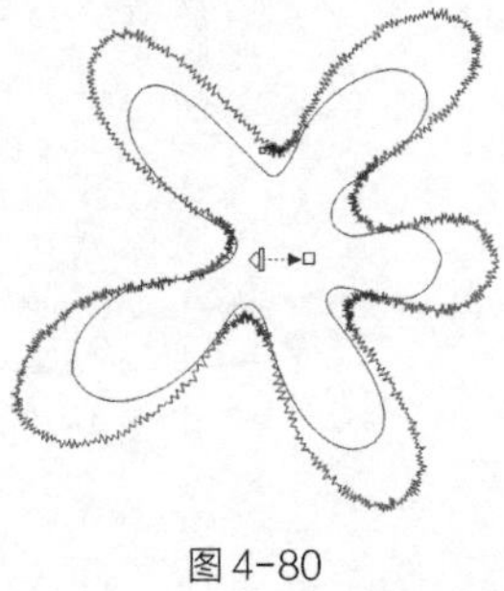

图 4-80　　　　　　　　　　　　　　　　　　图 4-81

步骤8　执行菜单栏中的【文件】/【导入】命令，导入图4-82所示的牛仔面料图片。

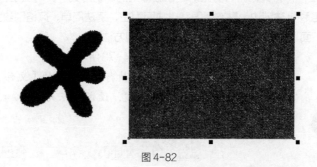

图 4-82

步骤9　执行菜单栏中的【效果】/【图框精确剪裁】/【置于图文框内部】命令，把牛仔面料置在图形中，
　　　如图4-83所示。

步骤10 单击鼠标右键，弹出菜单，单击"编辑PowerClip"命令，得到的效果如图4-84所示。

步骤11 使用选择工具 选择牛仔面料，按住【Shift】键等比例缩小图形，执行菜单栏中的【效果】/【图框精确剪裁】/【结束编辑】命令，得到的效果如图4-85所示。

图 4-83

图 4-84

图 4-85

步骤12 执行菜单栏中的【排列】/【顺序】/【向后一层】命令，得到的效果如图4-86所示。

步骤13 使用选择工具 选择图形，单击调色板中的红色 。按【F12】键弹出"轮廓笔"对话框，选项及参数设置如图4-87所示，得到的效果如图4-88所示。

图 4-86

图 4-87

图 4-88

步骤14 使用形状工具 往内调整节点，得到的效果如图4-89所示。

步骤15 选择椭圆形工具 绘制一个椭圆形，在属性栏中设置椭圆大小为 ，给椭圆填充白色并使其无轮廓，如图4-90所示。

步骤16 选中椭圆，执行菜单栏中的【位图】/【转换为位图】命令，弹出"转换为位图"对话框，设置各项参数如图4-91所示，单击"确定"按钮。

图 4-89

图 4-90

图 4-91

步骤17 执行菜单栏中的【位图】/【模糊】/【高斯式模糊】命令，弹出"高斯式模糊"对话框，设置各项参数如图4-92所示，单击"确定"按钮。

步骤18 执行菜单栏中的【效果】/【图框精确剪裁】/【置于图文框内部】命令，把圆形置在图形中，得到的效果如图4-93所示。

步骤19 使用选择工具 选择之前复制的黑色图形, 向下移动到一定的位置, 如图4-94所示。

步骤20 使用选择工具 选择填充了牛仔面料的图形, 鼠标右键单击调色板中的白色□, 得到的效果如图4-95所示。

图4-92

图4-93

图4-94

图4-95

步骤21 使用选择工具 框选所有图形, 按【Ctrl】+【G】组合键群组图形。按【+】键复制图形, 按【Shift】键等比例缩小图形, 得到的效果如图4-96所示。

步骤22 在属性栏中设置旋转角度为 45.0°, 按【Enter】键, 得到的效果如图4-97所示。

步骤23 选择椭圆形工具 , 按住【Ctrl】键在图4-98所示的位置分别绘制5个圆形。

图4-96

图4-97

图4-98

步骤24 选择所有的圆形, 单击工具箱中的渐变填充工具 渐变填充, 在弹出的"渐变填充"对话框中选择"辐射""双色"渐变, 如图4-99所示。给圆形填充"蓝色CMYK值为 (60, 40, 0, 0) —白色"的渐变效果, 轮廓线宽度设置为 .2 mm , 完成的渐变效果如图4-100所示。

步骤25 使用选择工具 框选所有图形, 按【Ctrl】+【G】组合键群组图形。这样就完成了牛仔贴布绣图案的绘制, 整体效果如图4-101所示。

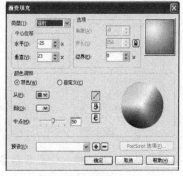

图4-99

图4-100

图4-101

4.4 扎染图案设计

扎染图案在民族服饰中是最常见的，如云南的少数民族服装多喜欢用扎染图案做装饰。下面具体介绍扎染图案的设计与表现方法。

扎染图案的整体效果如图4-102所示。

图 4-102

步骤1 打开CorelDRAW软件，执行菜单栏中的【文件】/【新建】命令，或使用【Ctrl】+【N】组合键，设定纸张大小为A4，横向摆放，如图4-103所示。

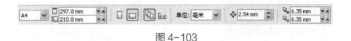

图 4-103

步骤2 单击工具箱中的矩形工具□，绘制一个正方形，在属性栏中设置矩形大小数值为 ，如图4-104所示。

步骤3 单击工具箱中的均匀填充工具 ■ 均匀填充，在弹出的"均匀填充"对话框中将填色的CMYK数值设置为（27，81，22，0），如图4-105所示，单击"确定"按钮。

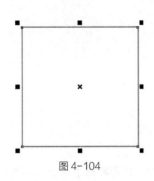

图 4-104

图 4-105

步骤4 鼠标右键单击调色板中的⊠，去除矩形外轮廓线，得到的效果如图4-106所示。

步骤5 使用手绘工具，按住【Ctrl】键绘制一条直线，如图4-107所示。

图 4-106

图 4-107

步骤6 选择工具箱中的变形工具□，在属性栏中选择"拉链变形"，设置各项参数，如图4-108所示。得到的效果如图4-109所示。

图 4-108

步骤7 单击选择工具➹选择曲线，按【F12】键弹出"轮廓笔"对话框，各项参数设置如图4-110所示。

步骤8 单击"确定"按钮，得到的效果如图4-111所示。

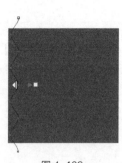
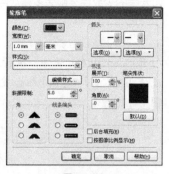

图4-109   图4-110   图4-111

步骤9 选择工具箱中的阴影工具▢，在属性栏中设置各项参数，如图4-112所示。

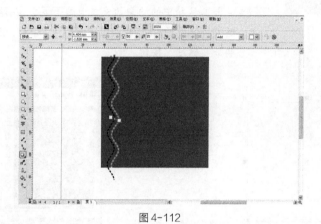

图4-112

步骤10 使用选择工具➹框选曲线图形，执行菜单栏中的【排列】/【拆分阴影群组】命令，单击黑色曲线，按【Delete】键删除，得到的效果如图4-113所示。

步骤11 使用椭圆形工具◯按住【Ctrl】键绘制一个圆形，按【＋】键复制圆形，再按【Shift】键等比例缩小图形，得到的效果如图4-114所示。

步骤12 使用选择工具➹框选两个圆形，单击属性栏中的"合并"按钮▢结合图形。再单击调色板中的黄色▢，鼠标右键单击调色板中的▢，得到的效果如图4-115所示。

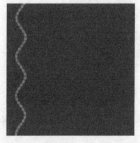
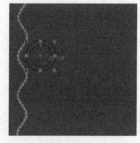

图4-113   图4-114   图4-115

步骤13 选择工具箱中的变形工具▢，在属性栏中选择"拉链变形"，设置各项参数，如图4-116所示。得到的效果如图4-117所示。

图4-116

步骤14 选择工具箱中的阴影工具▣，在属性栏中设置各项参数，如图4-118所示。

步骤15 使用选择工具▣框选图形，执行菜单栏中的【排列】/【拆分阴影群组】命令，单击黄色图形，按【Delete】键删除，得到的效果如图4-119所示。

步骤16 选择图形，反复按【+】键复制3个图形，并把它们移动到一定的位置，如图4-120所示。

步骤17 使用选择工具▣框选图形，按【Ctrl】+【G】组合键群组图形。然后按【+】键复制图形，并把复制的图形向右移动到一定的位置，如图4-121所示。

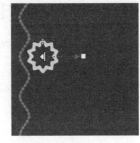

图4-117

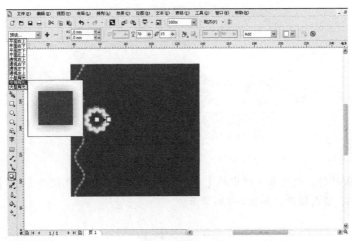

图4-118

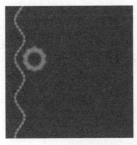

图4-119

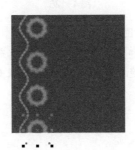

图4-120

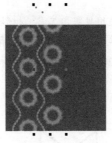

图4-121

步骤18 重复上一步操作，得到的效果如图4-122所示。

步骤19 使用选择工具▣框选图形，执行菜单栏中的【效果】/【图框精确剪裁】/【置于图文框内部】命令，把图形放置在矩形中，得到的效果如图4-123所示。

步骤20 这样就完成了扎染图案的设计，整体效果如图4-124所示。

图4-122

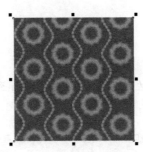

图4-123

图4-124

4.5 针织图案设计

针织图案主要是通过色彩和不同的针法来表现，最常见的有扭花纹、八字纹、菱形纹等，下面具体介绍菱形针织图案的设计与表现。

针织图案的整体效果如图4-125所示。

图4-125

步骤1 打开CorelDRAW软件，执行菜单栏中的【文件】/【新建】命令，或使用【Ctrl】+【N】组合键，设定纸张大小为A4，横向摆放，如图4-126所示。

图4-126

步骤2 使用贝塞尔工具和形状工具绘制图4-127所示的图形。

步骤3 单击工具箱中的均匀填充工具，在弹出的"均匀填充"对话框中将填色的CMYK数值设置为（20，14，60，2），鼠标右键单击调色板中的⊠，得到的效果如图4-128所示。

图4-127　　　　　　　　　　　　　　　　　　　图4-128

步骤4 按【+】键复制图形，并把复制的图形向右平移到一定的位置，如图4-129所示。

图4-129

步骤5 选择工具箱中的调和工具，单击左边的图形往右拖动鼠标至右边的图形执行调和效果，如图4-130所示。

图4-130

步骤6 在属性栏中设置调和的步数为 27 ，得到的效果如图4-131所示。

步骤7 重复步骤2的操作绘制图形，如图4-132所示。

图4-131　　　　　　　　　　　　　　　　　　　　图4-132

步骤8 反复按【+】键复制若干图形，对复制的图形进行排列，得到的效果如图4-133所示。

步骤9 为刚才绘制好的图形填充颜色，填色的CMYK值分别为（54，31，69，15）和（20，14，60，2），得到的效果如图4-134所示。

步骤10 使用选择工具 框选图形，鼠标右键单击调色板中的 按钮，按【Ctrl】+【G】组合键群组图形，得到的效果如图4-135所示。

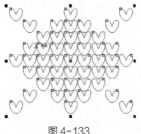　　　　

图4-133　　　　　　　　　图4-134　　　　　　　　　图4-135

步骤11 使用选择工具 ，把绘制好的图案移动到图4-136所示的位置。

步骤12 按【+】键复制图形，把复制的图形向右平移到一定的位置，如图4-137所示。

图4-136　　　　　　　　　　　　　　　　　　　图4-137

步骤13 选择工具箱中的调和工具 ，单击左边的图形往右拖动鼠标至右边的图形执行调和效果，如图4-138所示。

步骤14 在属性栏中设置调和的步数为 2 ，得到的效果如图4-139所示。

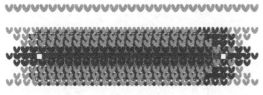　　　　　　

图4-138　　　　　　　　　　　　　　　　　　　图4-139

步骤15 使用选择工具 选择上方的图形，按【+】键复制两个图形，并把复制的图形向下平移到一定的位置，如图4-140所示。

步骤16 使用选择工具 全选图形，按【Ctrl】+【G】组合键群组图形，得到的效果如图4-141所示。

步骤17 按【+】键复制图形，把复制的图形向右平移到一定的位置，如图4-142所示。

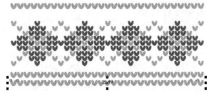

图 4-140

图 4-141

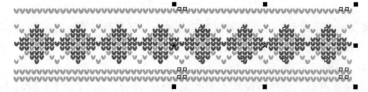

图 4-142

步骤18 执行菜单栏中的【文件】/【导入】命令，导入第3章所绘制的针织毛衣款式图，如图4-143所示。

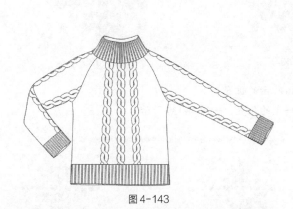

图 4-143

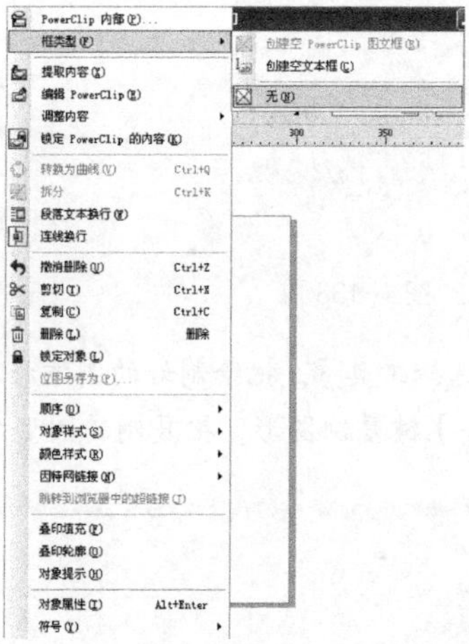

图 4-144

步骤19 单击属性栏中的"取消群组"按钮，鼠标右键单击衣袖部分弹出对话框，如图4-144所示。单击【框类型】/【无】命令，弹出对话框，再单击"确定"按钮，得到的效果如图4-145所示。

步骤20 挑选绘制好的针织图案，执行菜单栏中的【效果】/【图框精确剪裁】/【置于图文框内部】命令，把图案放置在衣袖中，得到的效果如图4-146所示。

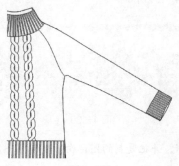

图 4-145

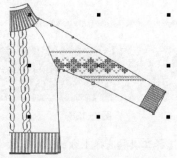

图 4-146

步骤21 单击鼠标右键，弹出菜单，再单击"编辑 PowerClip"命令，得到的效果如图4-147所示。

步骤22 使用选择工具选中后旋转图案，在属性栏中设置旋转角度为60.0，得到的效果如图4-148所示。

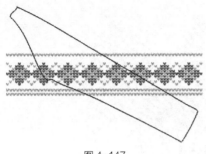

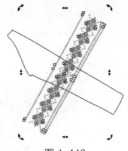

图4-147　　　　　　　　　　　　　图4-148

步骤23 把图案向下移动到一定的位置，按【+】键复制图形，把复制的图形向上移动到一定的位置，如图4-149所示。

步骤24 执行菜单栏中的【效果】/【图框精确剪裁】/【结束编辑】命令，得到的效果如图4-150所示。

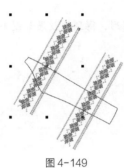

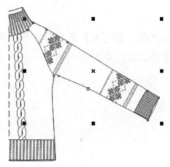

图4-149　　　　　　　　　　　　　图4-150

步骤25 重复步骤19~步骤24的操作，完成毛衣的前片和左袖的图案填充，得到的效果如图4-151所示。在图案的填充过程中要注意将袖子和前片图案对齐。

步骤26 群组图形，这样就完成了毛衣的针织图案设计，整体效果如图4-152所示。

图4-151　　　　　　　　　　　　　图4-152

4.6　烫钻图案设计

烫钻图案整体效果如图4-153所示。

步骤1 打开CorelDRAW软件，执行菜单栏中的【文件】/【新建】命令，或使用【Ctrl】+【N】组合键，设定纸张大小为A4，横向摆放，如图4-154所示。

步骤2 使用多边形工具⬡绘制一个正八边形，在属性栏中设置八边形大小为 30.0 mm 10.0 mm ，如图4-155所示。

图 4-153

图 4-154

步骤3 选中八边形，按【+】键复制图形，再按【Ctrl】键等比例缩小图形，得到的效果如图4-156所示。

步骤4 使用手绘工具 分别绘制图4-157所示的8条直线。

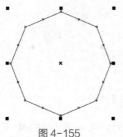

图 4-155

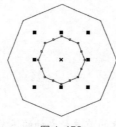

图 4-156

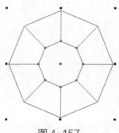

图 4-157

步骤5 选择智能填充工具 ，在属性栏中设置各项参数，如图
4-158所示，给八边形被分割的局部填充绿色CMYK
数值为（100，0，100，0），得到的效果如图4-159所示。

图 4-158

步骤6 重复上一步操作，使用智能填充工具 给八边形被分割的局部分别填充黑色、月光绿色CMYK数值为
（20，0，60，0）、酒绿色CMYK数值为（20，0，60，0）、朦胧绿色CMYK数值为（20，0，20，0）、
灰绿色CMYK数值为（20，0，40，20），得到的效果如图4-160所示。

步骤7 使用挑选工具 选中中间的小八边形，单击工具箱中的渐变填充工具 渐变填充 ，在弹出的"渐变填充"
对话框中选择"线性""双色"渐变，如图4-161所示，完成"黑色—白色"的渐变效果，如图
4-162所示。

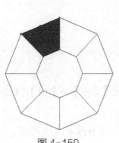

图 4-159

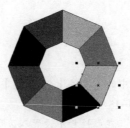

图 4-160

图 4-161

步骤8 使用选择工具 ▢ 框选所有图形，鼠标右键单击调色板中的 ⊠ 去除图形边框，按【Ctrl】+【G】组合键群组图形，得到的效果如图4-163所示。

步骤9 重复步骤2~步骤8的操作再分别绘制两个黄色和灰色的烫钻图形，效果如图4-164所示。

步骤10 使用贝塞尔工具 ▢ 和形状工具 ▢ 绘制图4-165所示的图形。

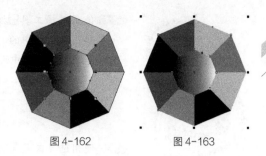

图4-162　　　　　　　　图4-163

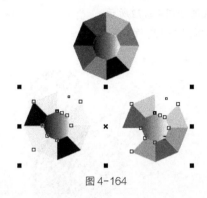

图4-164

图4-165

步骤11 单击工具箱中的轮廓图工具 ▢，在属性栏中设置各项参数，如图4-166所示。得到的效果如图4-167所示。

图4-166

步骤12 执行菜单栏中的【排列】/【拆分轮廓图群组】命令，然后单击属性栏中的"取消群组"按钮 ▢，得到的效果如图4-168所示。

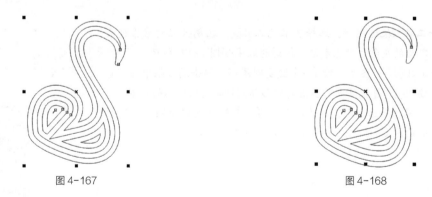

图4-167　　　　　　　　　　　　　　图4-168

步骤13 使用选择工具 ▢ 挑选之前绘制好的绿色烫钻，选择工具箱中的艺术笔工具 ▢，单击属性栏中的"添加到喷涂列表"按钮 ▢，把绘制好的图形自定义为艺术画笔，属性栏中各项参数设置如图4-169所示。

图4-169

步骤14 使用选择工具 ▢ 挑选图形，选择艺术笔工具 ▢，在属性栏的喷涂列表中单击自定义的绿色烫钻艺术笔，得到的效果如图4-170所示。

图 4-170

步骤15 使用选择工具▣挑选之前绘制好的黄色烫钻，选择工具箱中的艺术笔工具▣，单击属性栏中的"添加到喷涂列表"按钮▣，把绘制好的图形自定义为艺术画笔，在属性栏中设置各项参数，如图 4-171 所示。

图 4-171

步骤16 使用选择工具▣挑选图形，选择艺术笔工具▣，在属性栏的喷涂列表中单击自定义的黄色烫钻艺术笔，得到的效果如图 4-172 所示。

步骤17 使用贝塞尔工具▣和形状工具▣绘制图 4-173 所示的路径。

图 4-172

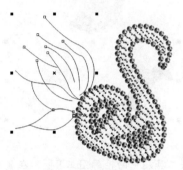

图 4-173

步骤18 使用选择工具▣挑选之前绘制好的灰色烫钻，选择工具箱中的艺术笔工具▣，单击属性栏中的"添加到喷涂列表"按钮▣，把绘制好的图形自定义为艺术画笔，在属性栏中设置各项参数，如图 4-174 所示。

图 4-174

步骤19 使用选择工具▣挑选图形，选择艺术笔工具▣，在属性栏的喷涂列表中单击自定义的灰色烫钻艺术笔，得到的效果如图 4-175 所示。

步骤20 使用选择工具▣全选图形，按【+】键复制图形，单击属性栏中的"水平镜像"按钮▣，并把复制的图形向右移动到图 4-176 所示的位置。

步骤21 使用选择工具▣全选图形，按【Ctrl】+【G】组合键群组图形。这样就完成了烫钻图案的绘制，整体效果如图 4-177 所示。

图 4-175

图 4-176

图 4-177

4.7　本章小结

　　服饰图案要符合服装设计的整体风格，不同的服装形式可以有不同的服装图案与之相配套。例如，时尚感很强的男装可以使用几何和抽象图案，民族性的服装可以使用扎染或者是少数民族图案进行装饰变化等。在绘制服饰图案的时候，要注意各种图案的表现技法，如印花与绣花图案的表现，在成衣设计中最常使用的就是这两种图案。

4.8　练习与思考

　　1. 服饰图案的表现形式有哪些？
　　2. 设计并绘制一款童装背带裤上的绣花图案。
　　3. 设计并绘制一款男装T恤上的印花图案。
　　4. 设计并绘制一款女装T恤上的烫钻图案。

第 **5** 章

服装面料的设计及表现

面料是服装的载体，服装设计主要是通过各种面料来表现其款式及特色的。在用CorelDRAW绘制服装款式图的过程当中，最重要的是要真实地表现服装面料的质感。

首先简单地介绍一下服装常用的面料及其特点。

• 牛仔面料：属棉织物中的斜纹织物。传统的牛仔面料较为厚重，粗糙感强。牛仔服装设计的要点在于表现面料的水洗、猫须、撞色线等特殊工艺，如图5-1所示。

• 灯芯绒面料：属棉织物中的绒类织物。灯芯绒面料在不同的光源和角度下，有着特殊的反光效果，如图5-2所示。

图 5-1

图 5-2

• 针织面料：适用于各式毛衣，特点是质地柔软、吸水及透气性能好。在绘制针织面料时，要着重表现针织面料的织纹及图案，如常见的八字花等，如图5-3所示。

• 蕾丝面料：适用于各种礼服、内衣类服装。蕾丝面料的表现重点在于对图案的精致刻画，如图5-4所示。

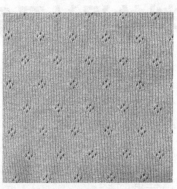

图 5-3

图 5-4

• 皮革面料：常用的是牛皮、羊皮等，特点是表面光滑、质地柔软，如图5-5所示。

• 裘皮面料：如貂皮、银狐皮等，特点是毛长绒细密，适用于长短大衣，如图5-6所示。

图 5-5

图 5-6

● 网纱面料：分为软纱和硬纱两种，适用于晚装、裙装或头巾等服饰，如图5-7所示。

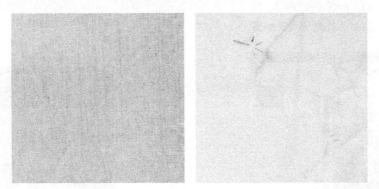

图5-7

● 条纹、格子面料：粗细不一纵横交错的线型可以形成富于变化的条纹或格子图案，适用于裤装、衬衣、裙装等，如图5-8所示。

下面分别介绍各种常用面料的设计和表现方法。

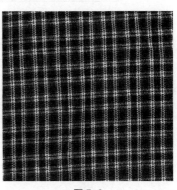

图5-8

5.1 牛仔面料设计

牛仔面料的实例效果如图5-9所示。

图5-9

步骤1 打开CorelDRAW软件，执行菜单栏中的【文件】/【新建】命令，或使用【Ctrl】+【N】组合键，设定纸张大小为A4，横向摆放，如图5-10所示。

图5-10

步骤2 单击工具箱中的矩形工具▢，绘制一个正方形。在属性栏中设置对象大小，输入矩形大小为▢100.0 mm▢，如图5-11所示。

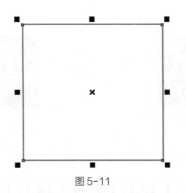

图5-11

步骤3 单击工具箱中的均匀填充工具 █ 均匀填充 ，在弹出的"均匀填充"对话框中将填色的CMYK数值设置为（96，58，1，0），如图5-12所示。

步骤4 单击"确定"按钮，得到的效果如图5-13所示。

图 5-12

图 5-13

步骤5 鼠标右键单击调色板中的⊠，去除矩形外轮廓线。选择手绘工具█，按住【Ctrl】键在正方形左上方绘制一条直线，在属性栏中设置旋转角度为 ⊙ 135.0 ，如图5-14所示。

步骤6 选中直线，按【+】键复制一条直线，把直线平移到矩形的右下角，如图5-15所示。

步骤7 选择工具箱中的调和工具█，单击左上方的直线往下拖动鼠标至右下方直线执行调和效果，如图5-16所示。

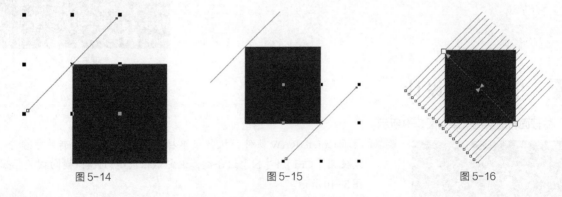

图 5-14 图 5-15 图 5-16

步骤8 在属性栏中设置调和的步数为 █ 90 ，得到的效果如图5-17所示。

步骤9 单击选择工具█，按【Ctrl】+【G】组合键群组调和后的图形。鼠标右键单击调色板中的██，给直线填充蓝色CMYK数值为（60，40，0，0），如图5-18所示。

步骤10 按【F12】键弹出"轮廓笔"对话框，选项及参数设置如图5-19所示。

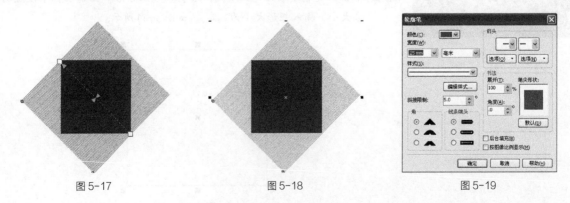

图 5-17 图 5-18 图 5-19

步骤11 执行菜单栏中的【效果】/【图框精确剪裁】/【置于图文框内部】命令，如图5-20所示。把直线组放置在正方形中，得到的效果如图 5-21 所示。

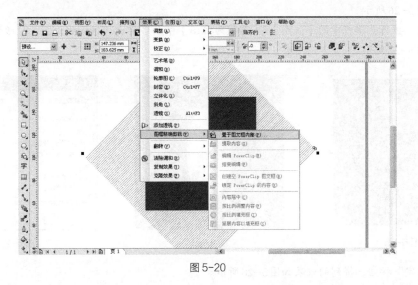

图 5-20

步骤 12 执行菜单栏中的【位图】/【转换为位图】命令，弹出"转换为位图"对话框，设置各项参数，如图 5-22 所示。

图 5-21   图 5-22

步骤 13 单击"确定"按钮后，原来的矢量图变成了位图，得到的效果如图 5-23 所示。

步骤 14 执行菜单栏中的【位图】/【杂点】/【添加杂点】命令，弹出"添加杂点"对话框，设置各项参数如图 5-24 所示。

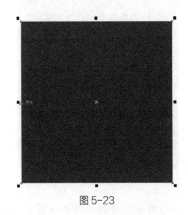

图 5-23   图 5-24

步骤 15 单击"确定"按钮，得到的效果如图 5-25 所示。

5.1

牛仔面料设计

步骤16 选择椭圆形工具○绘制一个椭圆形，在属性栏中设置椭圆大小为 30.0 mm / 60.0 mm，给椭圆填充白色并使其无轮廓，如图5-26所示。

步骤17 选中椭圆，执行菜单栏中的【位图】/【转换为位图】命令，弹出"转换为位图"对话框，设置各项参数，如图5-27所示。

图 5-25

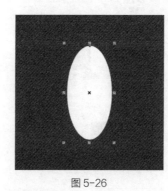
图 5-26

图 5-27

步骤18 单击"确定"按钮，得到的效果如图5-28所示。

步骤19 执行菜单栏中的【位图】/【模糊】/【高斯式模糊】命令，弹出"高斯式模糊"对话框，设置各项参数，如图5-29所示。

步骤20 单击"确定"按钮，牛仔面料的水洗效果就完成了，如图5-30所示。

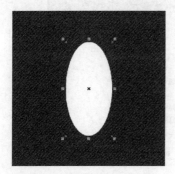

图 5-28

图 5-29

图 5-30

步骤21 选择工具箱中的艺术笔工具，在牛仔面料上绘制猫须效果，在属性栏中设置艺术笔各项参数，如图5-31所示。得到的效果如图5-32所示。

图 5-31

图 5-32

步骤22 执行菜单栏中的【排列】/【拆分艺术笔群组】命令，如图5-33所示，得到的效果如图5-34所示。

步骤23 使用选择工具选择路径，按【Delete】键删除路径，给图形填充白色并使其无边框，如图5-35所示。

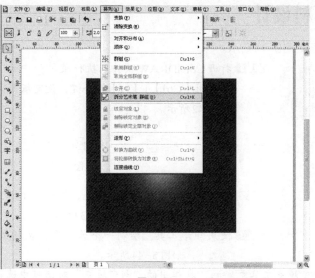

图 5-33

步骤 24 执行菜单栏中的【位图】/【转换为位图】命令，弹出"转换为位图"对话框，设置各项参数如图5-36所示。

图 5-34

图 5-35

图 5-36

步骤 25 单击"确定"按钮，得到的效果如图5-37所示。

步骤 26 执行菜单栏中的【位图】/【模糊】/【高斯式模糊】命令，弹出"高斯式模糊"对话框，设置各项参数，如图5-38所示，单击"确定"按钮。

步骤 27 按【＋】键再复制另外两个图形往下平移，牛仔面料的猫须效果就完成了，如图5-39所示。

图 5-37

步骤 28 这样就完成了牛仔面料的水洗、猫须工艺的表现，整体效果如图5-40所示。

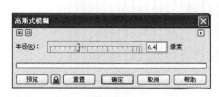

图 5-38

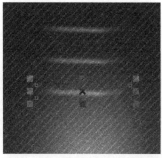

图 5-39

图 5-40

5.2 灯芯绒面料设计

灯芯绒面料的实例效果如图5-41所示。

图 5-41

步骤1 打开CorelDRAW软件，执行菜单栏中的【文件】/【新建】命令，或使用【Ctrl】+【N】组合键，设定纸张大小为A4，横向摆放，如图5-42所示。

图 5-42

步骤2 单击工具箱中的矩形工具▢，绘制一个正方形，在属性栏中设置矩形大小为 100.0 mm 100.0 mm，如图5-43所示。

步骤3 使用矩形工具▢绘制一个长方形，在属性栏中设置长方形大小为 2.0 mm 150.0 mm，如图5-44所示。

步骤4 单击工具箱中的渐变填充工具 ▇ 渐变填充，在弹出的"渐变填充"对话框中选择"线性""双色"渐变，其中的参数设置如图5-45所示。颜色参数设置分别为白色CMYK值为（0，0，0，0）、洋红色CMYK值为（0，100，0，0）。

步骤5 单击"确定"按钮，得到的效果如图5-46所示。

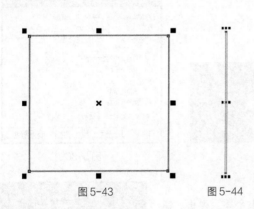

图 5-43　　　　图 5-44

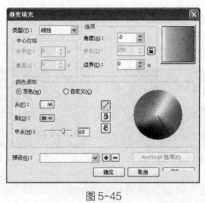

图 5-45

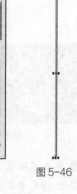

图 5-46

步骤6 按【+】键复制图形，按住【Ctrl】键把复制的图形往右平移到一定的位置，如图5-47所示。

步骤7 选择工具箱中的调和工具▨，单击左边的长方形往右拖动鼠标至右边的图形执行调和效果，如图5-48所示。

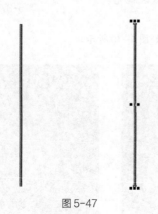

图 5-47

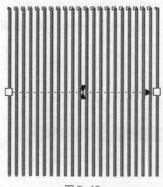

图 5-48

步骤8 在属性栏中设置调和的步数为 [67]，得到的效果如图5-49所示。

步骤9 按【Ctrl】+【G】组合键群组图形，鼠标右键单击调色板中的⊠，去除图形的外轮廓线，得到的效果如图5-50所示。

图 5-49

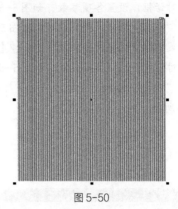

图 5-50

步骤10 执行菜单栏中的【效果】/【图框精确剪裁】/【置于图文框内部】命令，如图5-51所示，把图形放置在正方形中，得到的效果如图5-52所示。

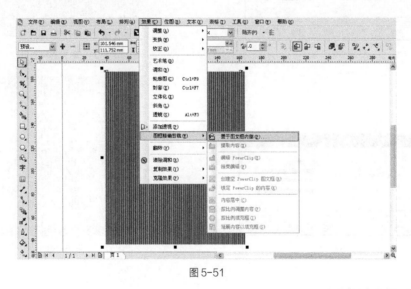

图 5-51

步骤11 鼠标右键单击调色板中的⊠，去除图形的外轮廓线。执行菜单栏中的【位图】/【转换为位图】命令，弹出"转换为位图"对话框，设置各项参数，如图5-53所示。

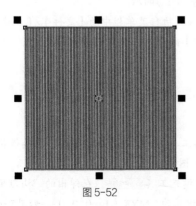

图 5-52

图 5-53

步骤12 单击"确定"按钮后,原来的矢量图变成了位图,得到的效果如图 5-54所示。

步骤13 执行菜单栏中的【位图】/【杂点】/【添加杂点】命令,弹出"添加杂点"对话框,设置各项参数,如图5-55所示。

步骤14 单击"确定"按钮,得到的效果如图5-56所示。

步骤15 执行菜单栏中的【位图】/【模糊】/【动态模糊】命令,弹出"动态模糊"对话框,设置各项参数,如图5-57所示。

步骤16 单击"确定"按钮,这样就完成了灯芯绒面料的绘制,整体效果如图5-58所示。

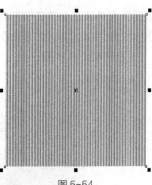

图 5-54

图 5-55

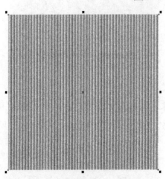

图 5-56

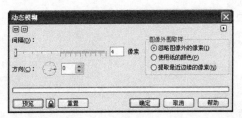

图 5-57

图 5-58

5.3 针织面料设计

针织面料的实例效果如图5-59所示。

步骤1 打开CorelDRAW软件,执行菜单栏中的【文件】/【新建】命令,或使用【Ctrl】+【N】组合键,设定纸张大小为A4,横向摆放,如图5-60所示。

图 5-60

步骤2 单击工具箱中的矩形工具▢,绘制一个正方形,在属性栏中设置矩形大小为 100.0 mm／100.0 mm,如图5-61所示。

步骤3 单击工具箱中的均匀填充工具 ▉ 均匀填充,在弹出的"均匀填充"对话框中将填色的数值设置为CMYK（16,0,0,0）,如图5-62所示。

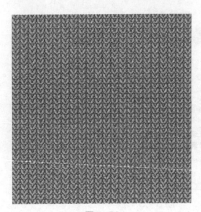

图 5-59

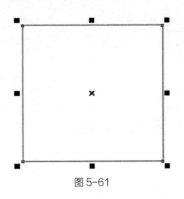

图 5-61

图 5-62

步骤4 单击"确定"按钮，得到的效果如图5-63所示。

步骤5 鼠标右键单击调色板中的⊠，去除正方形外轮廓线。使用工具箱中的贝塞尔工具█和形状工具█绘制图5-64所示的闭合路径。

步骤6 选中此闭合路径，按住【+】键复制图形，单击属性栏中的"水平镜像"按钮█，按住【Ctrl】键向右平移图形，得到的效果如图5-65所示。

步骤7 使用选择工具█框选图形，单击属性栏中的"合并"按钮█焊接图形，得到的效果如图5-66所示。

步骤8 选中图形移动到正方形的左上角，按【+】键复制图形并将图形移动到正方形的左下角，如图5-67所示。

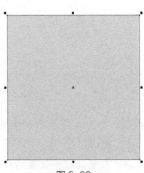

图 5-63

图 5-64

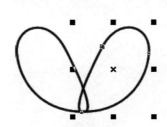

图 5-65

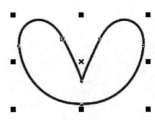

图 5-66

步骤9 单击工具箱中的调和工具█，单击上方的图形往下拖动鼠标至下方图形执行调和效果，如图5-68所示。

步骤10 在属性栏中设置调和的步数为 █36 █，得到的效果如图5-69所示。

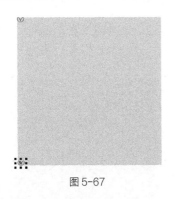

图 5-67

图 5-68

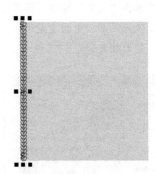

图 5-69

步骤11 执行菜单栏中的【排列】/【拆分调和群组】命令，如图5-70所示。

步骤12 单击属性栏中的"群组"按钮█群组图形，然后按【+】键复制图形并将图形移动到正方形的右边，如图5-71所示。

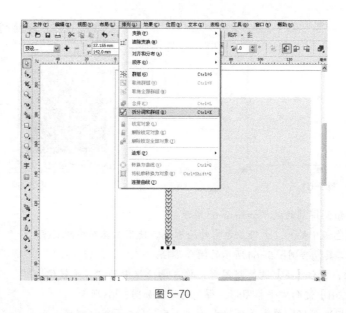

图 5-70

步骤13 单击工具箱中的调和工具，单击左边的图形往右拖动鼠标至右边图形执行调和效果，如图5-72
所示。

步骤14 在属性栏中设置调和的步数为 20 ，得到的效果如图5-73所示。

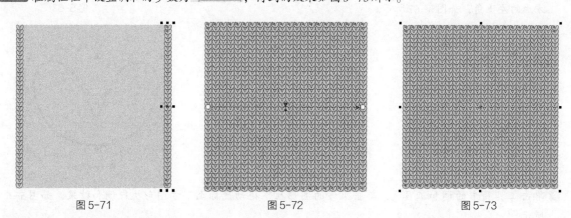

| 图 5-71 | 图 5-72 | 图 5-73 |

步骤15 群组图形，按【F12】键弹出"轮廓笔"对话框，选项及参数设置如图5-74所示。

步骤16 单击"确定"按钮，得到的效果如图5-75所示。

步骤17 执行菜单栏中的【效果】/【图框精确剪裁】/【置于图文框内部】命令，把图形放置在正方形中，得
到的效果如图5-76所示。

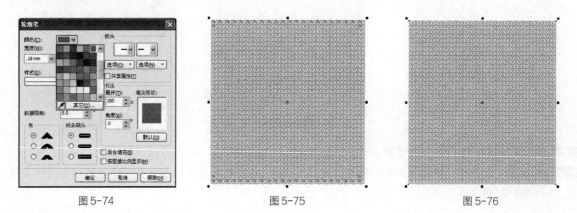

| 图 5-74 | 图 5-75 | 图 5-76 |

步骤18 执行菜单栏中的【位图】/【转换为位图】命令，弹出"转换为位图"对话框，设置各项参数，如图 5-77所示。

步骤19 单击"确定"按钮，原来的矢量图变成了位图，得到效果如图5-78所示。

步骤20 执行菜单栏中的【位图】/【杂点】/【添加杂点】命令，弹出"添加杂点"对话框，各项参数设置如图 5-79所示。

图 5-77

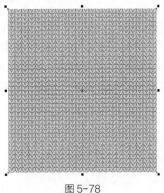

图 5-78

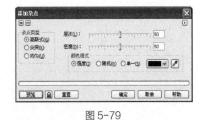

图 5-79

步骤21 单击"确定"按钮，得到的效果如图5-80所示。

步骤22 执行菜单栏中的【位图】/【扭曲】/【风吹效果】命令，弹出"风吹效果"对话框，选项及参数设置如图5-81所示。

步骤23 单击"确定"按钮，这样就完成了针织面料的绘制，整体效果如图5-82所示。

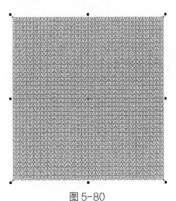

图 5-80

图 5-81

图 5-82

5.4 蕾丝面料设计

图 5-83

蕾丝面料的实例效果如图5-83所示。

步骤1 打开CorelDRAW软件，执行菜单栏中的【文件】/【新建】命令，或使用【Ctrl】+【N】组合键，设定纸张大小为A4，横向摆放，如图5-84所示。

图 5-84

步骤2 单击工具箱中的矩形工具□，绘制一个正方形，在属性栏中设置矩形大小为 100.0 mm 100.0 mm ，如图5-85所示。

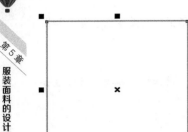

图 5-85

步骤3 选择工具箱中的手绘工具，按住【Ctrl】键绘制一条垂直线。单击工具箱中的变形工具，对直线进行拉链变形，在属性栏中设置各项参数，如图 5-86 所示。得到的效果如图 5-87 所示。

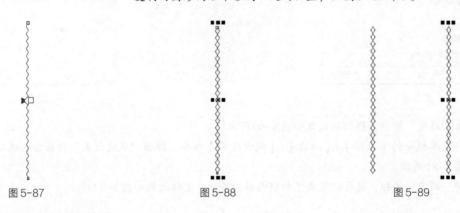

图 5-86

步骤4 使用选择工具选中图形，按【+】键复制图形。把复制的图形向右平移，单击属性栏中的"水平镜像"按钮，得到的效果如图 5-88 所示。

步骤5 按【Ctrl】+【G】组合键群组图形。再按【+】键复制图形，然后把复制的图形向右平移到一定的位置，如图 5-89 所示。

图 5-87　　　　　　　　图 5-88　　　　　　　　图 5-89

步骤6 单击工具箱中的调和工具，单击左边的图形往右拖动鼠标至右边图形，执行调和效果，如图 5-90 所示。

步骤7 在属性栏中设置调和的步数为 33 ，得到的效果如图 5-91 所示。

步骤8 群组图形，鼠标右键单击调色板中的浅蓝光紫色，给线条填充色彩，如图 5-92 所示。

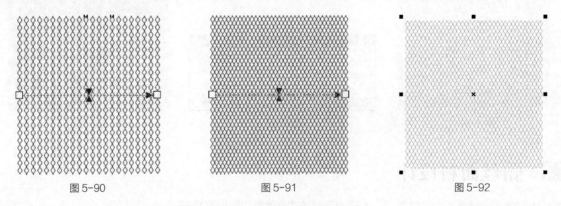

图 5-90　　　　　　　　图 5-91　　　　　　　　图 5-92

步骤9 执行菜单栏中的【效果】/【图框精确剪裁】/【置于图文框内部】命令，把图形放置在正方形中，得到的效果如图 5-93 所示。

步骤10 单击调色板中的☒，去除矩形外轮廓线。使用工具箱中的贝塞尔工具和形状工具绘制图 5-94 所示的图形。

步骤11 选择图形，按【+】键复制，按住【Shift】键等比例缩小图形，如图 5-95 所示。

步骤12 使用选择工具框选图形，单击属性栏中的"合并"按钮结合图形，得到的效果如图 5-96 所示。

步骤13 选择图形按【+】键复制，按住【Shift】键等比例缩小图形，在属性栏

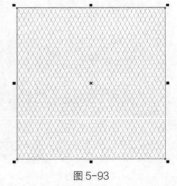

图 5-93

中设置图形旋转角度为 ⟳ 35.0 °，把图形摆放在图5-97所示的位置。

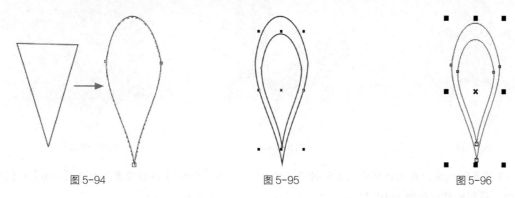

图5-94　　　　　　　　　图5-95　　　　　　　　　图5-96

步骤14 按【＋】键复制图形，单击属性栏中的"水平镜像"按钮🔳，并把复制的图形向右平移到一定的位置，如图5-98所示。

步骤15 使用手绘工具🖊绘制图5-99所示的叶脉造型，设置轮廓宽度为 ⚟ .35 mm ▾。然后群组图形，鼠标左键和右键分别单击调色板中的浅蓝光紫色🔳，给图形填充色彩，得到的效果如图5-100所示。

图5-97　　　　　　　　　图5-98　　　　　　　　　图5-99

步骤16 使用椭圆形工具⊙，按住【Ctrl】键绘制图5-101所示的圆形，在属性栏中设置轮廓宽度为 ⚟ 1.0 mm ▾。

步骤17 按住鼠标左键，分别从左侧标尺栏和上方标尺栏往右边和下边拖动，添加两条辅助线，辅助线要对齐圆心的位置，如图5-102所示。

图5-100　　　　　　　　　图5-101　　　　　　　　　图5-102

步骤18 挑选绘制好的图案，单击鼠标左键并把图案的中心点向下平移到图5-103所示圆心的位置。

步骤19 按【＋】键复制图案，在属性栏中设置旋转角度为 ⟳ 60 °，按【Enter】键得到的效果如图5-104所示。

步骤20 重复按4次【Ctrl】＋【D】组合键，得到的效果如图5-105所示。

步骤21 使用椭圆形工具⊙，按住【Ctrl】键绘制图5-106所示的圆形，单击鼠标左键并把图案的中心点向下平移到大圆心位置。

图 5-103

图 5-104

图 5-105

步骤22　按【+】键复制图案，在属性栏中设置旋转角度为 30.0°，按【Enter】键后重复按10次【Ctrl】+【D】组合键，得到的效果如图5-107所示。

步骤23　使用选择工具框所有圆形，鼠标左键和右键分别单击调色板中的浅蓝光紫色，给图形填充色彩，得到的效果如图5-108所示。

图 5-106

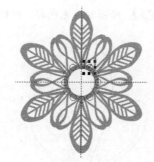

图 5-107

图 5-108

步骤24　使用手绘工具，绘制图5-109所示的叶脉造型，设置轮廓宽度为 .7 mm。然后选择图形，鼠标右键单击调色板中的浅蓝光紫色，给图形轮廓填充色彩，得到的效果如图5-110所示。

步骤25　选择辅助线，按【Delete】键删除，使用椭圆形工具按住【Ctrl】键绘制一个圆形，填充浅蓝光紫色。使用选择工具框选图形，按【Ctrl】+【G】组合键群组图形，得到的效果如图5-111所示。

步骤26　执行菜单栏中的【效果】/【图框精确剪裁】/【置于图文框内部】命令，把绘制好的图案放置在正方形中，得到的效果如图5-112所示。

图 5-109

图 5-110

图 5-111

图 5-112

步骤27　单击鼠标右键，弹出菜单，如图5-113所示。单击"编辑PowerClip"命令，得到的效果如图5-114所示。

图 5-113

图 5-114

步骤28 选中图案,反复按【+】键复制多个图案把正方形填满,如图5-115所示。

步骤29 执行菜单栏中的【效果】/【图框精确剪裁】/【结束编辑】命令,得到的效果如图5-116所示。

步骤30 这样就完成了蕾丝面料的绘制,整体效果如图5-117所示。

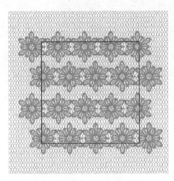

图 5-115

图 5-116

图 5-117

5.5 网纱面料设计

▶▶ 5.5.1 网眼纱(硬纱)面料设计

网眼纱实例效果如图5-118所示。

图 5-118

步骤1 打开CorelDRAW软件,执行菜单栏中的【文件】/【新建】命令,或使用【Ctrl】+【N】组合键,设定纸张大小为A4,横向摆放,如图5-119所示。

图 5-119

步骤2 单击工具箱中的矩形工具▭,绘制一个正方形。在属性栏中设置对象大小,输入矩形数值为 100.0 mm / 100.0 mm,如图5-120所示。

步骤3 单击工具箱中的PostScript填充工具 PostScript 填充,弹出"PostScript底纹"对话框,选项及参数设置如图5-121所示。

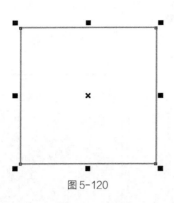

图 5-120

图 5-121

步骤4 单击"确定"按钮，得到的效果如图5-122所示。

步骤5 鼠标右键单击调色板中⊠，去除正方形的轮廓，这样就完成了网眼纱面料的绘制，整体效果如图 5-123所示。

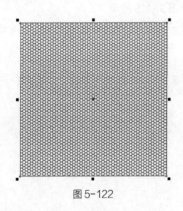

图 5-122

图 5-123

▶▶ 5.5.2 雪纺纱（软纱）面料设计

印花雪纺纱实例效果如图5-124所示。

图 5-124

步骤1 打开CorelDRAW软件，执行菜单栏中的【文件】/【新建】命令，或使用【Ctrl】+【N】组合键，设定纸张大小为A4，横向摆放，如图5-125所示。

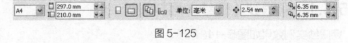

图 5-125

步骤2 单击工具箱中的矩形工具▢，绘制一个正方形。在属性栏中设置对象大小，输入矩形数值为 100.0 mm 100.0 mm，如图5-126所示。

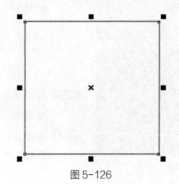

图 5-126

图 5-127

步骤3 单击调色板中的朦胧绿■，给正方形填充颜色。鼠标右键单击调色板中的⊠，去除轮廓，如图5-127所示。

步骤4 选择工具箱中的透明度工具⬚，在属性栏中设置各项参数，如图5-128所示，得到的效果如图5-129所示。

图 5-128

步骤5 使用工具箱中的贝塞尔工具⬚和形状工具⬚绘制图5-130所示的图案。

步骤6 单击调色板中的朦胧绿■，给图案填充颜色。鼠标右键单击调色板中的薄荷绿■，给轮廓填充颜色，如图5-131所示。

图 5-129　　　　　　　　图 5-130　　　　　　　　图 5-131

步骤7 选择工具箱中的透明度工具⬚，在属性栏中设置各项参数，如图5-132所示，得到的效果如图5-133所示。

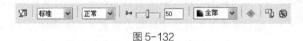

图 5-132

步骤8 执行菜单栏中的【效果】/【图框精确剪裁】/【置于图文框内部】命令，把图案放置在正方形中，得到的效果如图5-134所示。

步骤9 单击鼠标右键，弹出菜单。单击"编辑PowerClip"命令，得到的效果如图5-135所示。

图 5-133

图 5-134

图 5-135

步骤10 选中图案，反复按【＋】键复制3个图案，并移动到适合的位置把正方形填满，如图5-136所示。

步骤11 执行菜单栏中的【效果】/【图框精确剪裁】/【结束编辑】命令，这样就完成了印花雪纺纱面料的绘制，整体效果如图5-137所示。

图 5-136

图 5-137

5.6 格子面料设计

▶ 5.6.1 大格子面料设计

大格子面料实例效果如图5-138所示。

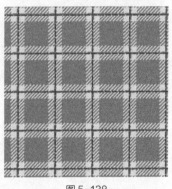

图 5-138

步骤1 打开CorelDRAW软件，执行菜单栏中的【文件】/【新建】命令，或使用【Ctrl】+【N】组合键，设定纸张大小为A4，横向摆放，如图5-139所示。

图 5-139

步骤2 单击工具箱中的矩形工具□，绘制一个正方形。在属性栏中设置对象大小，输入矩形数值为 ，如图5-140所示。

步骤3 单击工具箱中的均匀填充工具 ■ 均匀填充，弹出"均匀填充"对话框，给图形填充颜色，选项及参数设置如图5-141所示，单击"确定"按钮。

步骤4 鼠标右键单击调色板中的⊠，去除正方形轮廓，得到的效果如图5-142所示。

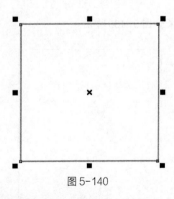

图 5-140

图 5-141

图 5-142

步骤5 选择手绘工具 ，按住【Ctrl】键在正方形上绘制一条直线，如图5-143所示。

步骤6 按【F12】键弹出"轮廓笔"对话框，选项及参数设置如图5-144所示，单击"确定"按钮，给线条填充幼蓝色，得到的效果如图5-145所示。

步骤7 按【+】键复制图形，然后把复制的图形向下平移到一定的位置，如图5-146所示。

步骤8 单击工具箱中的调和工具 ，单击上方的直线往下拖动鼠标至下方直线执行调和效果，如图5-147所示。

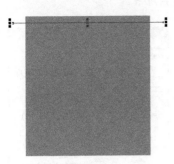

图 5-143

图 5-144

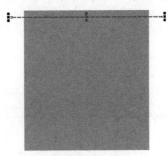

图 5-145

 步骤9 在属性栏中设置调和的步数为 ，得到的效果如图5-148所示。

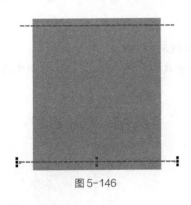

图 5-146

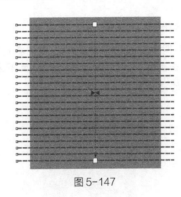

图 5-147

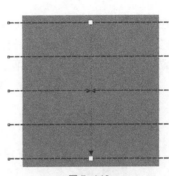

图 5-148

步骤10 按【Ctrl】+【G】组合键群组图形。再按【+】键复制图形，在属性栏中设置旋转角度为 90.0°，得到的效果如图5-149所示。

步骤11 选择矩形工具 □，按住【Ctrl】键在图形中绘制一个小的正方形，如图5-150所示。

步骤12 按【+】键复制图形，然后把复制的图形向下平移到一定的位置。选中两个正方形，单击工具箱中的均匀填充工具 ■ 均匀填充，弹出"均匀填充"对话框，给图形填充颜色，选项及参数设置如图5-151所示，单击"确定"按钮。

步骤13 鼠标右键再单击调色板中的 ⊠ 去除轮廓，得到的效果如图5-152所示。

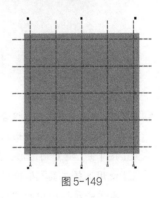

图 5-149

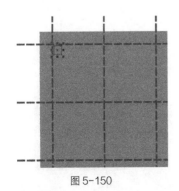

图 5-150

图 5-151

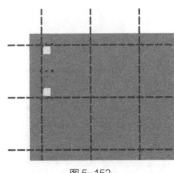

图 5-152

步骤14 选择手绘工具 ✎，按住【Ctrl】键在小正方形中绘制一条直线，如图5-153所示。

步骤15 按【F12】键弹出"轮廓笔"对话框，再单击颜色设置中的"其他"按钮，弹出"选择颜色"对话框，给轮廓线填色，各项参数设置如图5-154所示。

5.6

格子面料设计

步骤16 单击"确定"按钮，在"轮廓笔"对话框中设定各项参数，如图5-155所示。

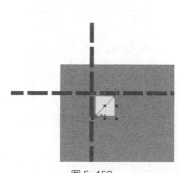

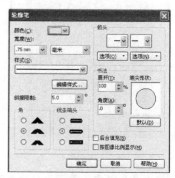

图 5-153   图 5-154   图 5-155

步骤17 单击"确定"按钮，得到的效果如图5-156所示。

步骤18 按【+】键复制图形，然后把复制的图形向下平移到一定的位置，如图5-157所示。

步骤19 单击工具箱中的调和工具，单击上方的直线往下拖动鼠标至下方直线执行调和效果，在属性栏中设置调和的步数为8，得到的效果如图5-158所示。

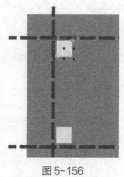

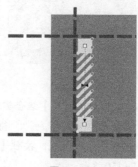

图 5-156   图 5-157   图 5-158

步骤20 按【Ctrl】+【G】组合键群组图形，执行菜单栏中的【排列】/【顺序】/【置于此对象后】命令，把图形放置在小正方形后面，如图5-159所示。

步骤21 按【+】键复制图形，然后把复制的图形向右平移到一定的位置，如图5-160所示。

步骤22 使用选择工具框选图形，按【+】键复制。在属性栏中设置图形旋转角度为90.0，按【Enter】键后再单击属性栏中的"水平镜像"按钮，得到的效果如图5-161所示。

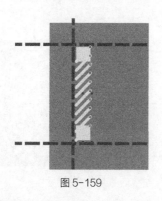

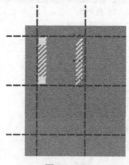

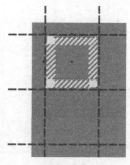

图 5-159   图 5-160   图 5-161

步骤23 选中小正方形，按【+】键复制图形，然后把复制的图形向右平移到一定的位置，如图5-162所示。

步骤24 使用选择工具框选图形，按【Ctrl】+【G】组合键群组图形，如图5-163所示。

步骤25 按【+】键复制图形，然后把复制的图形向右平移到一定的位置，反复按【Ctrl】+【D】组合键绘制图形，得到的效果如图5-164所示。

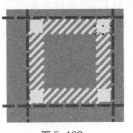

图 5-162

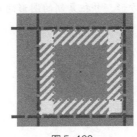

图 5-163

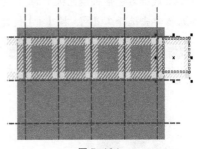

图 5-164

步骤26 反复进行上一步操作，复制图形并移动到适合的位置把正方形填满，如图5-165所示。

步骤27 选中图形，执行菜单栏中的【效果】/【图框精确剪裁】/【置于图文框内部】命令，把图形放置在正方形中，得到的效果如图5-166所示。

步骤28 这样就完成了大格面料的绘制，整体效果如图5-167所示。

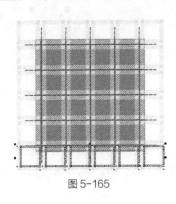

图 5-165

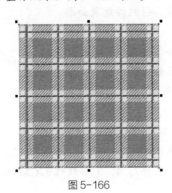

图 5-166

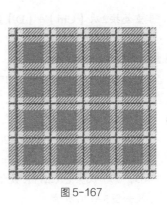

图 5-167

▶▶ 5.6.2 小格子面料设计

小格子面料实例效果如图5-168所示。

图 5-168

步骤1 打开CorelDRAW软件，执行菜单栏中的【文件】/【新建】命令，或使用【Ctrl】+【N】组合键，设定纸张大小为A4，横向摆放，如图5-169所示。

图 5-169

步骤2 使用工具箱中的矩形工具，按住【Ctrl】键绘制一个正方形。在属性栏中设置对象大小，输入矩形大小为，如图5-170所示。

图 5-170

步骤3 单击工具箱中的均匀填充工具███均匀填充，在弹出的"均匀填充"对话框中将填色的CMYK数值设置为（9，11，5，0），如图5-171所示，单击"确定"按钮。

步骤4 鼠标右键单击调色板中的⊠，去除矩形外轮廓线，得到的效果如图5-172所示。

步骤5 单击选择工具▨，按【+】键复制正方形，并把复制的图形向右平移到图5-173所示的位置。

图5-171

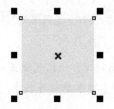

图5-172

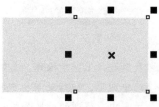

图5-173

步骤6 重复按2次【Ctrl】+【D】组合键，得到的效果如图5-174所示。

步骤7 使用选择工具▨框选图形，按【+】键复制，并把复制的图形向下平移到图5-175所示的位置。

步骤8 使用均匀填充工具███均匀填充，给复制的7个小正方形分别填充浅黄色CMYK数值为（10，17，44，0）、粉蓝色CMYK数值为（50，20，2，0）、深粉色CMYK数值为（9，52，16，0）、浅粉色CMYK数值为（11，34，12，0）、中黄色CMYK数值为（13，44，65，0）、浅紫色CMYK数值为（62，67，4，0）、玫红色CMYK数值为（11，88，44，0），得到的效果如图5-176所示。

图5-174

步骤9 使用选择工具▨框选图形，按【Ctrl】+【G】组合键群组图形，如图5-177所示。

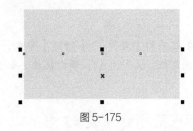

图5-175

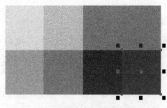

图5-176

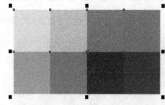

图5-177

步骤10 单击工具箱中的矩形工具▢，绘制一个正方形。在属性栏中设置对象大小，输入矩形大小为▨100.0 mm，如图5-178所示。

步骤11 使用选择工具▨选择图形，并摆放在图5-179所示的位置。

步骤12 按【+】键复制图形，并把复制的图形向下平移到图5-180所示的位置。

步骤13 单击工具箱中的调和工具▨，单击上方的图形往下拖动鼠标至下方图形执行调和效果，如图5-181所示。

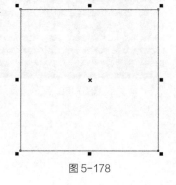

图5-178

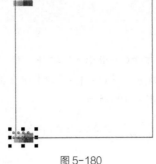

图 5-179　　　　　　　　　　图 5-180　　　　　　　　　　图 5-181

步骤14 在属性栏中设置调和的步数为 13 ，得到的效果如图 5-182 所示。

步骤15 单击选择工具 ，执行菜单栏中的【排列】/【拆分调和群组】命令，再按【Ctrl】+【G】组合键群组图形，得到的效果如图 5-183 所示。

步骤16 按【+】键复制图形，并把复制的图形向右平移到图 5-184 所示的位置。

图 5-182　　　　　　　　　　图 5-183　　　　　　　　　　图 5-184

步骤17 单击工具箱中的调和工具 ，单击左边的图形往右拖动鼠标至右边图形执行调和效果，如图 5-185 所示。

步骤18 在属性栏中设置调和的步数为 6 ，得到的效果如图 5-186 所示。

步骤19 单击选择工具 ，执行菜单栏中的【效果】/【图框精确剪裁】/【置于图文框内部】命令，把图形放置在大的正方形内，得到的效果如图 5-187 所示。

步骤20 鼠标右键单击调色板中的 去除轮廓，这样就完成了小格子面料的绘制，整体效果如图 5-188 所示。

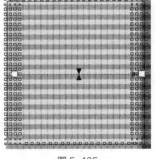

图 5-185

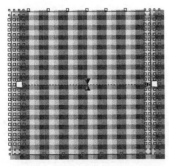

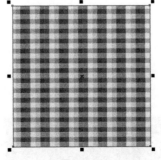

图 5-186　　　　　　　　　　图 5-187　　　　　　　　　　图 5-188

5.7　条纹面料设计

条纹面料实例效果如图5-189所示。

图 5-189

步骤1 打开CorelDRAW软件，执行菜单栏中的【文件】/【新建】命令，或使用【Ctrl】+【N】组合键，设定纸张大小为A4，横向摆放，如图5-190所示。

图 5-190

步骤2 单击工具箱中的矩形工具▢，绘制一个正方形。在属性栏中设置对象大小，输入矩形大小为 100.0 mm / 100.0 mm，如图5-191所示。

步骤3 使用矩形工具▢绘制一个长方形，在属性栏中设置长方形大小为 135.0 mm / 4.0 mm，如图5-192所示。

步骤4 单击工具箱中的均匀填充工具▇ 均匀填充，弹出"均匀填充"对话框，给图形填充颜色，选项及参数设置如图5-193所示。

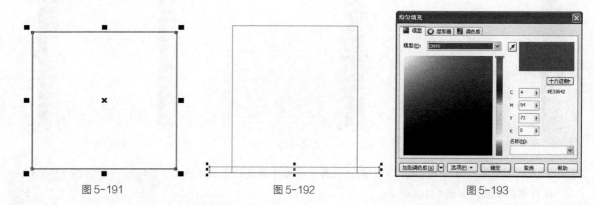

图 5-191　　　　　　　图 5-192　　　　　　　图 5-193

步骤5 单击"确定"按钮，得到的效果如图5-194所示。

步骤6 按【+】键复制9个长方形，在属性栏中设置长方形大小分别为 135.0 mm / 6.0 mm、135.0 mm / 2.0 mm、135.0 mm / 4.5 mm、135.0 mm / 5.0 mm、135.0 mm / 2.0 mm、135.0 mm / 5.0 mm、135.0 mm / 3.5 mm、135.0 mm / 5.0 mm 和 135.0 mm / 4.5 mm。按住【Ctrl】键把复制的图形分别往上平移到一定的位置，如图5-195所示。

步骤7 单击工具箱中的均匀填充工具▇ 均匀填充，弹出"均匀填充"对话框，给9个长方形分别填充颜色，填色的CMYK值分别设置为（3，40，47，0）、（45，47，50，0）、（0，16，7，0）、（3，40，47，0）、（9，10，29，0）、（38，44，24，0）、（35，15，24，0）、（16，7，11，0）和（2，3，6，0），单击"确定"按钮，得到的效果如图5-196所示。

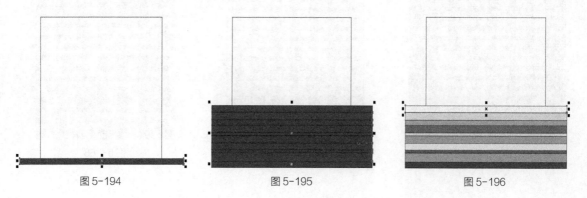

图 5-194　　　　　　　图 5-195　　　　　　　图 5-196

步骤8 使用选择工具⬛框选所有长方形，鼠标右键单击调色板中的⊠去除轮廓，得到的效果如图5-197所示。

步骤9 按【Ctrl】+【G】组合键群组图形。单击【+】键复制图形，按住【Ctrl】键把复制的图形往上平移到一定的位置，如图5-198所示。

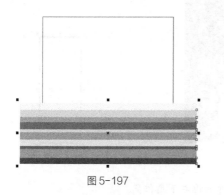

图 5-197

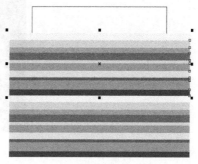

图 5-198

步骤10 按【Ctrl】+【D】组合键再制图形，得到的效果如图5-199所示。

步骤11 使用选择工具⬛选择所有长方形，执行菜单栏中的【效果】/【图框精确剪裁】/【置于图文框内部】命令，把图形放置在正方形中，得到的效果如图5-200所示。

步骤12 鼠标右键单击调色板中的⊠去除轮廓，这样就完成了条纹面料的绘制，整体效果如图5-201所示。

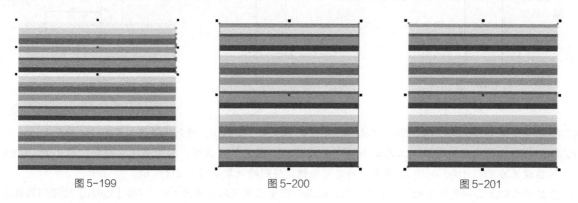

图 5-199　　　　　　　　　图 5-200　　　　　　　　　图 5-201

5.8　千鸟格面料设计

▶▶ 5.8.1　千鸟格面料一设计

千鸟格面料一的实例效果如图5-202所示。

步骤1 打开CorelDRAW软件，执行菜单栏中的【文件】/【新建】命令，或使用【Ctrl】+【N】组合键，设定纸张大小为A4，横向摆放，如图5-203所示。

图 5-203

步骤2 单击工具箱中的矩形工具▢，绘制一个正方形。在属性栏中设置对象大小，输入矩形大小为100.0 mm 100.0 mm，如图5-204所示。

步骤3 单击调色板中的黑色▉，给正方形填充色彩，鼠标右键单击调色板中的⊠去除轮廓，得到的效果如图5-205所示。

图 5-202

步骤4 选择工具箱中的矩形工具▢，绘制一个矩形。在属性栏中设置对象大小，输入矩形大小为 2.0 mm / 5.0 mm，如图5-206所示。

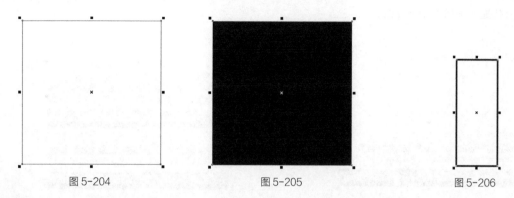

图 5-204   图 5-205   图 5-206

步骤5 单击鼠标左键并把矩形的中心点向下移动到图5-207所示的右下角位置。

步骤6 按【+】键复制矩形，在属性栏中设置旋转角度为 60°，按【Enter】键得到的效果如图5-208所示。

步骤7 重复按两次【Ctrl】+【D】组合键，得到的效果如图5-209所示。

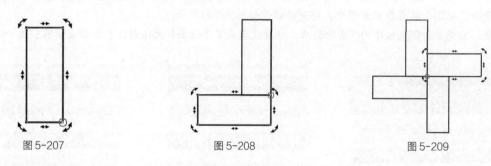

图 5-207   图 5-208   图 5-209

步骤8 使用选择工具▨框选4个矩形，单击属性栏中的"合并"按钮▢，得到的效果如图5-210所示。

步骤9 选择工具箱中的均匀填充工具 ▇ 均匀填充，弹出"均匀填充"对话框，给图形填充颜色，填色的CMYK值设置为（0，100，0，0），单击"确定"按钮，得到的效果如图5-211所示。

步骤10 鼠标右键单击调色板中的▧去除轮廓色。在属性栏中设置旋转角度为 340.0°，按【Enter】键得到的效果如图5-212所示。

图 5-210   图 5-211   图 5-212

步骤11 使用选择工具▨把图形摆放在黑色矩形上方。按【+】键复制两个图形，并把复制的图形向右水平移动，得到的效果如图5-213所示。

步骤12 选择工具箱中的均匀填充工具 ▇ 均匀填充，给复制的图形分别填充颜色。填色的CMYK值设置为（0，0，0，20）和（1，25，3，0），单击"确定"按钮，得到的效果如图5-214所示。

步骤13 使用选择工具▨框选3个图形，按【Ctrl】+【G】组合键群组图形。按【+】键复制图形，把复制的图形向右水平移动，得到的效果如图5-215所示。

步骤14 重复按两次【Ctrl】+【D】组合键，得到的效果如图5-216所示。

图 5-213

图 5-214

图 5-215

步骤15 使用选择工具 框选一组图形,按【+】键复制并把复制的图形向下移动到图 5-217 所示的位置(图形移动时要注意图案、色彩要错落有致)。

步骤16 使用选择工具 框选整组图形,按【Ctrl】+【G】组合键群组图形。单击【+】键复制图形,把复制的图形向下水平移动,得到的效果如图 5-218 所示。

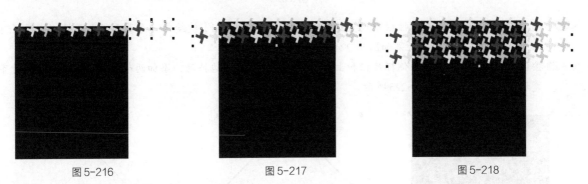

图 5-216   图 5-217   图 5-218

步骤17 重复按 5 次【Ctrl】+【D】组合键,得到的效果如图 5-219 所示。

步骤18 使用选择工具 框选所有图案,执行菜单栏中的【效果】/【图框精确剪裁】/【置于图文框内部】命令,把图形放置在正方形中,这样就完成了千鸟格面料的绘制,整体效果如图 5-220 所示。

图 5-219   图 5-220

▶▶5.8.2 千鸟格面料二设计

千鸟格面料二的实例效果如图 5-221 所示。

步骤1 打开 CorelDRAW 软件,执行菜单栏中的【文件】/【新建】命令,或使用【Ctrl】+【N】组合键,设定纸张大小为 A4,横向摆放,如图 5-222 所示。

步骤2 单击工具箱中的矩形工具 ,绘制一个正方形。在属性栏中设置对象大小,输入矩形大小为 100.0 mm / 100.0 mm ,填充黑色,得到的效果如图 5-223 所示。

图 5-221

图 5-222

步骤3 选择多边形工具 ⊙，在属性栏中设置边数为 ○ ◄ ║ ，按住【Ctrl】键绘制一个菱形。在属性栏中设置对象大小为 ▭ 6.5 mm，得到的效果如图 5-224 所示。

步骤4 按住鼠标左键，分别从左侧标尺栏和上方标尺栏往右边和下边拖动，添加两条辅助线，辅助线要对齐菱形的中心位置，如图 5-225 所示。

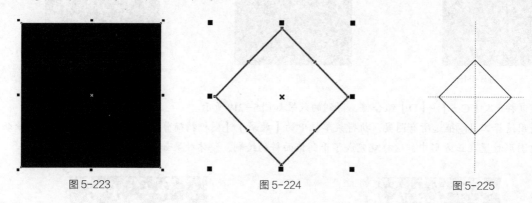

图 5-223   图 5-224   图 5-225

步骤5 使用矩形工具 □，在辅助线基础上绘制一个长方形。在属性栏中设置对象大小，输入矩形大小为 ↔2.2 mm ↕9.0 mm，得到的效果如图 5-226 所示（长方形的左下角节点一定要对准菱形左边节点）。

步骤6 执行菜单栏中的【排列】/【转换为曲线】命令，使用形状工具 ⬡ 框选图 5-227 所示的两个节点。

步骤7 按住【Ctrl】键往下移动两个节点至图 5-228 所示的位置（与菱形的边线重合）。

图 5-226   图 5-227   图 5-228

步骤8 单击选择工具 ▯，按【+】键复制图形。单击属性栏中的"水平镜像"按钮 ⬚ ，然后把复制的图形向右水平移动到图 5-229 所示的位置。

步骤9 使用选择工具 框选所有图形，单击属性栏中的"合并"按钮 ，得到的效果如图 5-230 所示。

步骤10 使用矩形工具 ，在辅助线基础上绘制一个长方形。在属性栏中设置对象大小，输入矩形大小为 ，得到的效果如图 5-231 所示。

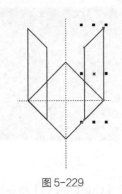

图 5-229

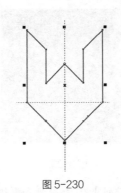

图 5-230

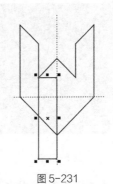

图 5-231

步骤11 执行菜单栏中的【排列】/【转换为曲线】命令，使用形状工具 框选图 5-232 所示的两个节点。

步骤12 按住【Ctrl】键往上移动两个节点至图 5-233 所示的位置（与菱形的边线重合）。

步骤13 单击选择工具 ，按【+】键复制图形。单击属性栏中的"水平镜像"按钮 ，然后把复制的图形向右水平移动到图 5-234 所示的位置。

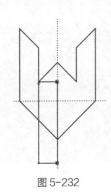

图 5-232

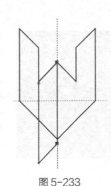

图 5-233

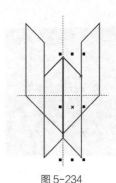

图 5-234

步骤14 使用选择工具 框选所有图形，单击属性栏中的"合并"按钮 ，得到的效果如图 5-235 所示。

步骤15 给图形填充红色，鼠标右键单击调色板中的 去除轮廓色。在属性栏中设置旋转角度为 315.0 ，按【Enter】键得到的效果如图 5-236 所示。

步骤16 使用选择工具 把回执号的图形摆放在图 5-237 所示的位置（黑色正方形上方）。

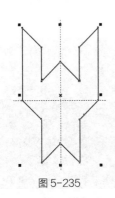

图 5-235

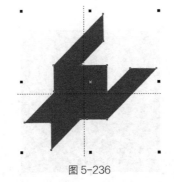

图 5-236

图 5-237

步骤17 按【+】键复制图形，按住【Ctrl】键把复制的图形向下平移到图 5-238 所示的位置。

步骤18 单击工具箱中的调和工具 ，单击上方的图形往下拖动鼠标至下方图形执行调和效果，如图5-239 所示。

步骤19 在属性栏中设置调和的步数为 ，得到的效果如图5-240所示。

图5-238　　　　　　　　　　图5-239　　　　　　　　　　图5-240

步骤20 单击选择工具 ，执行菜单栏中的【排列】/【拆分调和群组】命令，再按【Ctrl】+【G】组合键群组 图形，得到的效果如图5-241所示。

步骤21 按【+】键复制图形，并把复制的图形向右平移到图5-242所示的位置。

步骤22 单击工具箱中的调和工具 ，单击左边的图形往右拖动鼠标至右边图形执行调和效果，如图5-243 所示。

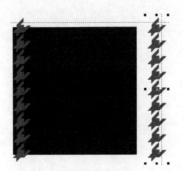
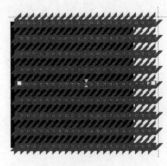

图5-241　　　　　　　　　　图5-242　　　　　　　　　　图5-243

步骤23 在属性栏中设置调和的步数为 ，得到的效果如图5-244所示。

步骤24 单击选择工具 ，执行菜单栏中的【效果】/【图框精确剪裁】/【置于图文框内部】命令，把图形放 置在大的正方形内，得到的效果如图5-245所示。

步骤25 鼠标右键再单击调色板中的⊠去除轮廓，这样就完成了千鸟格面料的绘制，整体效果如图5-246 所示。

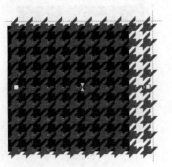

图5-244　　　　　　　　　　图5-245　　　　　　　　　　图5-246

5.9 皮革面料设计

▶ 5.9.1 豹纹面料的设计

豹纹面料实例效果如图5-247所示。

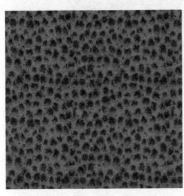

图 5-247

绘制豹纹面料需要在CorelDRAW X6软件中安装food05l.cpt文件（之前的版本软件中自带这个源文件）。安装方法如下：打开光盘，找到面料素材文件夹中的food05l.cpt文件并复制，找到CorelDRAW X6的安装文件夹\Program Files\Corel\CorelDRAW Graphics Suite X6\Custom Data\Tiles，复制到Tiles文件夹中即可。

步骤1 打开CorelDRAW软件，执行菜单栏中的【文件】/【新建】命令，或使用【Ctrl】+【N】组合键，设定纸张大小为A4，横向摆放，如图5-248所示。

图 5-248

步骤2 单击工具箱中的矩形工具□，绘制一个正方形。在属性栏中设置对象大小，输入矩形大小为，如图5-249所示。

步骤3 单击工具箱中的均匀填充工具，弹出"均匀填充"对话框，给图形填充颜色，选项及参数设置如图5-250所示。

步骤4 按【+】键复制图形，并填充黑色，如图5-251所示。

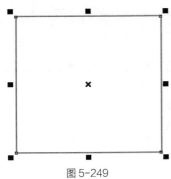

图 5-249

图 5-250

图 5-251

步骤5 选择透明度工具，在属性栏中设置各项参数，如图5-252所示。

图 5-252

步骤6 在属性栏的"透明度图样"中单击"更多"选项，弹出"导入"对话框，如图5-253所示，选择food05l.cpt文件，单击"导入"按钮，得到的效果如图5-254所示。

步骤7 使用选择工具全选图形，按【Ctrl】+【G】组合键群组图形。这样就完成了豹纹面料的绘制，整体效果如图5-255所示。

图 5-253

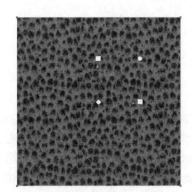

图 5-254

图 5-255

▶▶ 5.9.2　人造皮革面料的设计

人造皮革面料实例效果如图 5-256 所示。

图 5-256

绘制人造皮革面料需要在 CorelDRAW X6 软件中安装 CEMENTM.CPT 文件（之前的版本软件中自带这个源文件）。安装方法如下：打开光盘，找到面料素材文件夹中的 CEMENTM.CPT 文件并复制，找到 CorelDRAW X6 的安装文件夹\Program Files\Corel\CorelDRAW Graphics Suite X6\Custom Data\Tiles，复制到 Tiles 文件夹中即可。

步骤 1 打开 CorelDRAW 软件，执行菜单栏中的【文件】/【新建】命令，或使用【Ctrl】+【N】组合键，设定纸张大小为 A4，横向摆放，如图 5-257 所示。

图 5-257

步骤 2 单击工具箱中的矩形工具□，绘制一个正方形。在属性栏中设置对象大小，输入矩形大小为 ⊞ 100.0 mm / ⊥ 100.0 mm，如图 5-258 所示。

步骤 3 单击工具箱中的渐变填充工具 ■ 渐变填充，弹出"渐变填充"对话框，给图形填充"灰色 CMYK 为（0，0，0，30）—白色"的渐变色彩，选项及参数设置如图 5-259 所示，单击"确定"按钮。

步骤 4 鼠标右键单击调色板中的⊠，去除正方形轮廓，得到的效果如图 5-260 所示。

步骤 5 按【+】键复制图形，并填充黑色，如图 5-261 所示。

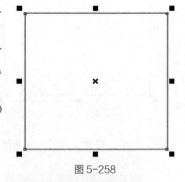

图 5-258

图 5-259

图 5-260

图 5-261

步骤6 选择透明度工具 🖾，在属性栏中设置各项参数，如图5-262所示。

图 5-262

步骤7 在属性栏的"透明度图样"中单击"更多"选项，弹出"导入"对话框，如图5-263所示，选择
CEMENTM.CPT文件，单击"导入"按钮，得到的效果如图5-264所示。

图 5-263

步骤8 使用选择工具 🖾 全选图形，按【Ctrl】+【G】组合键群组图形。这样就完成了人造皮革面料的绘制，
整体效果如图5-265所示。

图 5-264

图 5-265

5.10 粗花呢面料设计

粗花呢面料实例效果如图5-266所示。

绘制粗花呢面料需要在CorelDRAW X6软件中安装TXTIL10M.CPT文件（之前的版本软件中自带这个源
文件）。安装方法如下：打开光盘，找到面料素材文件夹中的TXTIL10M.CPT文件复制之后，找到CorelDRAW
X6的安装文件夹\Program Files\Corel\CorelDRAW Graphics Suite X6\Custom Data\Tiles，复制到Tiles文
件夹中即可。

图 5-266

步骤1 打开CorelDRAW软件，执行菜单栏中的【文件】/【新建】命令，或使用【Ctrl】+【N】组合键，设定纸张大小为A4，横向摆放，如图5-267所示。

图 5-267

步骤2 单击工具箱中的矩形工具□，绘制一个正方形。在属性栏中设置对象大小，输入矩形大小为 100.0 mm，如图5-268所示。

步骤3 单击工具箱中的渐变填充工具 ■ 渐变填充，弹出"渐变填充"对话框，给图形填充"灰色CMYK为（0，0，0，30）—白色"的渐变色彩，选项及参数设置如图5-269所示，单击"确定"按钮。

步骤4 鼠标右键单击调色板中的⊠，去除正方形轮廓，得到的效果如图5-270所示。

步骤5 按【+】键复制图形，并填充黑色，如图5-271所示。

图 5-268

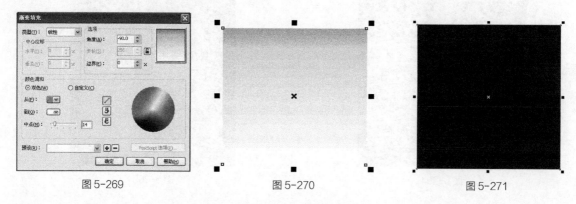

图 5-269   图 5-270   图 5-271

步骤6 选择透明度工具☑，在属性栏中设置各项参数，如图5-272所示。

图 5-272

步骤7 在属性栏的"透明度图样"中单击"更多"选项，弹出"导入"对话框，如图5-273所示，选择TXTIL10M.CPT文件，单击"导入"按钮，得到的效果如图5-274所示。

步骤8 使用选择工具☑全选图形，按【Ctrl】+【G】组合键群组图形。这样就完成了人造皮革面料的绘制，整体效果如图5-275所示。

图 5-273

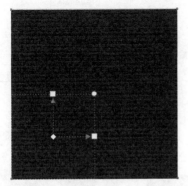

图 5-274

图 5-275

5.11 精纺面料设计

精纺面料实例效果如图5-276所示。

图 5-276

步骤1 打开CorelDRAW软件，执行菜单栏中的【文件】/【新建】命令，或使用【Ctrl】+【N】组合键，设定纸张大小为A4，横向摆放，如图5-277所示。

图 5-277

步骤2 单击工具箱中的矩形工具▢，绘制一个正方形。在属性栏中设置对象大小，输入矩形大小为▢100.0 mm，如图5-278所示。

步骤3 单击工具箱中的均匀填充工具▇ 均匀填充，弹出"均匀填充"对话框，给图形填充颜色，选项及参数设置如图5-279所示，单击"确定"按钮。

步骤4 鼠标右键单击调色板中的⊠，去除正方形轮廓色，得到的效果如图5-280所示。

步骤5 执行菜单栏中的【位图】/【转换为位图】命令，弹出"转换为位图"对话框，设置各项参数，如图5-281所示。

步骤6 单击"确定"按钮，原来的矢量图变成了位图，得到的效果如图5-282所示。

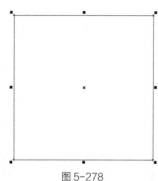

图 5-278

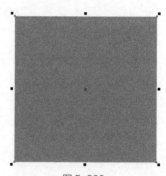

图 5-279

图 5-280

步骤7 执行菜单栏中的【位图】/【杂点】/【添加杂点】命令，弹出"添加杂点"对话框，设置各项参数，如图5-283所示。

步骤8 单击"确定"按钮，得到的效果如图5-284所示。

步骤9 执行菜单栏中的【位图】/【模糊】/【动态模糊】命令，弹出"动态模糊"对话框，设置各项参数，如图5-285所示。

步骤10 单击"确定"按钮，得到效果如图5-286所示。

步骤11 按【+】键复制图形，在属性栏中设置旋转角度为 90.0 °，按【Enter】键，得到的效果如图5-287所示。

图 5-281

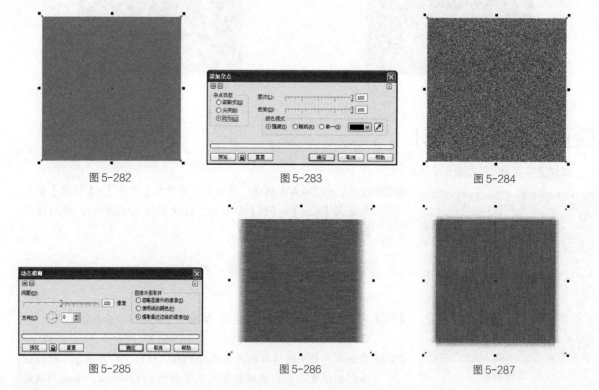

图 5-282

图 5-283

图 5-284

图 5-285

图 5-286

图 5-287

步骤12 选择工具箱中的透明度工具，在属性栏中设置各项参数，如图5-288所示。得到的效果如图5-289所示。

图 5-288

步骤13 使用选择工具全选图形，按【Ctrl】+【G】组合键群组图形。这样就完成了精纺面料的绘制，整体效果如图5-290所示。

图 5-289

图 5-290

5.12 波点绗缝面料设计

波点绗缝面料的实例效果如图5-291所示。

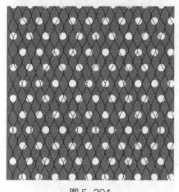

图 5-291

步骤1 打开CorelDRAW软件，执行菜单栏中的【文件】/【新建】命令，或使用【Ctrl】+【N】组合键，设定纸张大小为A4，横向摆放，如图5-292所示。

图 5-292

步骤2 单击工具箱中的矩形工具，绘制一个正方形。在属性栏中设置对象大小，输入矩形大小为 100.0 100.0，如图5-293所示。

步骤3 单击工具箱中的均匀填充工具 均匀填充，弹出"均匀填充"对话框，给图形填充颜色，选项及参数设置如图5-294所示，单击"确定"按钮。

步骤4 鼠标右键单击调色板中的，去除正方形轮廓色，得到的效果如图5-295所示。

图 5-293

图 5-294

图 5-295

步骤5 使用椭圆形工具，按住【Ctrl】键在正方形上绘制图5-296所示的小圆形，填充白色无轮廓色。

步骤6 按【+】键复制小圆形，把复制的图形向右平移到图5-297所示的位置。

步骤7 重复按多次【Ctrl】+【D】组合键，复制小圆形，得到的效果如图5-298所示。

步骤8 使用选择工具框选整组圆形，按【+】键复制。把复制的图形向下移动到图5-299所示的位置。

图 5-296

图 5-297

图 5-298

步骤9 使用选择工具圆框选所有圆形，按【+】键复制。把复制的图形向下平移到图5-300所示的位置。

步骤10 重复按多次【Ctrl】+【D】组合键，复制圆形，得到的效果如图5-301所示。

步骤11 使用选择工具圆框选所有圆形，执行菜单栏中的【效果】/【图框精确剪裁】/【置于图文框内部】命令，把图形放置在大的正方形内，得到的效果如图5-302所示。

步骤12 使用手绘工具圆，按住【Ctrl】键在正方形上绘制一条直线。单击工具箱中的变形工具圆，对直线进行拉链变形，在属性栏中设置各项参数，如图5-303所示，得到的效果如图5-304所示。

图 5-299

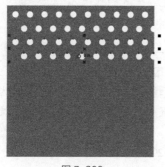

图 5-300

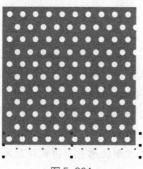

图 5-301

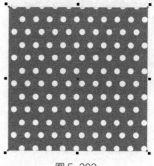

图 5-302

图 5-303

步骤13 按【F12】键弹出"轮廓笔"对话框，设置各项参数，如图5-305所示。

步骤14 单击"确定"按钮，得到的效果如图5-306所示。

步骤15 按【+】键复制图形，单击属性栏中的"水平镜像"按钮圆，然后把复制的图形向右水平移动到图5-307所示的位置。

步骤16 使用选择工具圆框选两条波浪线，按【Ctrl】+【G】组合键群组图形。按【+】键复制图形，然后把复制的图形向右水平移动到图5-308所示的位置。

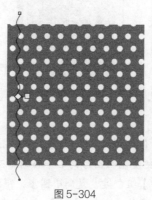

图 5-304

图 5-305

图 5-306   图 5-307   图 5-308

步骤17 单击工具箱中的调和工具▣，单击左边的图形往右拖动鼠标至右边图形执行调和效果，如图 5-309 所示。

步骤18 在属性栏中设置调和的步数为 ▣8 ▢，得到的效果如图 5-310 所示。

步骤19 单击选择工具▣，执行菜单栏中的【效果】/【图框精确剪裁】/【置于图文框内部】命令，把图形放置在大的正方形内，这样就完成了波点绗缝面料的绘制，整体效果如图 5-311 所示。

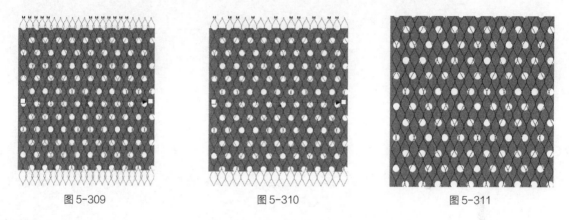

图 5-309   图 5-310   图 5-311

5.13 本章小结

面料是服装的基础，服装的款式造型需要通过面料的柔软、硬挺、悬垂及厚薄轻重等特性来保证。在绘制服装面料时，一定要注意表现面料本身的特质，如牛仔面料的厚重，针织面料的毛绒感，网纱面料的薄、透等特性都需要表现出来。

5.14 练习与思考

1. 服装常用面料有哪些？各有什么特点？
2. 毛绒织物的面料质感可以用哪些方法表现？举例说明。
3. 设计一款扭花针织面料。
4. 根据流行色设计一款格子面料。
5. 设计一款夏装印花雪纺面料。

第 **6** 章

服装辅料的设计及表现

服装材料包括服装的面料和辅料。辅料主要包括织带、纽扣、拉链、钩环、绳带、珠片、花边、服装号型码和商标吊牌等。服装辅料具有功能性和装饰性，搭配得当能起到画龙点睛的作用。

6.1 织带的设计

织带主要用于运动装和女装中，起着装饰作用。根据材料的不同可以分为色织带、毛绒织带、塑胶织带等。下面主要介绍毛绒织带的设计与表现方法。

毛绒织带的整体效果如图6-1所示。

图6-1

步骤1 打开CorelDRAW软件，执行菜单栏中的【文件】/【新建】命令，或使用【Ctrl】+【N】组合键，设定纸张大小为A4，横向摆放，如图6-2所示。

图6-2

步骤2 单击工具箱中的矩形工具▢，绘制一个矩形。在属性栏中设置对象大小，输入矩形大小为 ，如图6-3所示。

图6-3

步骤3 执行菜单栏中的【排列】/【转换为曲线】命令，如图6-4所示。

图6-4

步骤4 使用形状工具⟍挑选矩形的右上角节点，如图6-5所示。

步骤5 单击4次属性栏中的"添加节点"按钮，得到的效果如图6-6所示。

图6-5 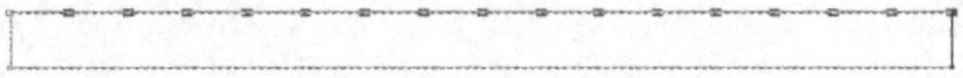   图6-6

步骤6 使用形状工具 🔧 挑选矩形的左下角节点，然后再单击4次属性栏中的"添加节点"按钮 🔳，得到的效果如图6-7所示。

步骤7 选择变形工具 🔧，在属性栏中设置拉链变形的各项数值，如图6-8所示。得到的效果如图6-9所示。

图6-7   图6-8

步骤8 选择矩形，单击工具箱中的均匀填充工具 ■ 均匀填充，在弹出的"均匀填充"对话框中将填色的CMYK数值设定为（5，27，5，0），单击"确定"按钮，得到的效果如图6-10所示。

图6-9   图6-10

步骤9 按【F12】键弹出"轮廓笔"对话框，各项参数设置如图6-11所示。

步骤10 单击"确定"按钮，得到的效果如图6-12所示。

步骤11 使用手绘工具 🔧，按住【Ctrl】键绘制一条直线，如图6-13所示。

步骤12 按【F12】键弹出"轮廓笔"对话框，各项参数设置如图6-14所示。

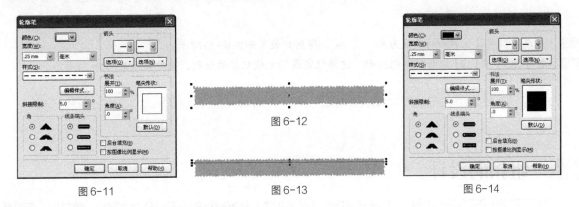

图6-11   图6-12   图6-13   图6-14

步骤13 单击"确定"按钮，得到的效果如图6-15所示。

步骤14 按【+】键复制图形，得到的效果如图6-16所示。

图6-15   图6-16

步骤15 按【Ctrl】+【D】组合键再绘制图形，得到的效果如图6-17所示。

步骤16 使用手绘工具 🔧 和形状工具 🔧 绘制图形，如图6-18所示。

图6-17   图6-18

步骤17 按【F12】键弹出"轮廓笔"对话框，各项参数设置如图6-19所示，单击"确定"按钮。

步骤18 按【Ctrl】+【G】组合键群组图形，得到的效果如图6-20所示。

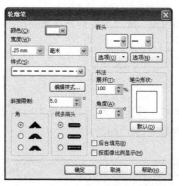

图 6-19

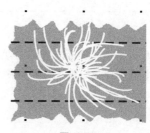

图 6-20

步骤19 按【+】键复制图形，并把复制的图形平移到一定的位置，如图6-21所示。

步骤20 单击工具箱中的调和工具，单击左边的图形往右拖动鼠标至右边图形执行调和效果，如图6-22所示。

图 6-21

图 6-22

步骤21 在属性栏中设置调和的步数为 ，得到的效果如图6-23所示。

步骤22 按【Ctrl】+【G】组合键群组图形，这样就完成了毛绒织带的绘制，整体效果如图6-24所示。

图 6-23

图 6-24

6.2　纽扣的设计

纽扣是服装中不可或缺的辅料，它既有装饰性又有实用性。根据材料的不同可分为金属扣、塑料扣、有机玻璃扣等，下面具体介绍3种极具代表性的纽扣的设计与表现方法。

▶▶ 6.2.1　牛角扣的设计

牛角扣的整体效果如图6-25所示。

步骤1 打开CorelDRAW软件，执行菜单栏中的【文件】/【新建】命令，或使用【Ctrl】+【N】组合键，设定纸张大小为A4，横向摆放，如图6-26所示。

图 6-26

步骤2 使用贝塞尔工具绘制一个三角形，如图6-27所示。

步骤3 使用形状工具修改三角形外轮廓，如图6-28所示。

步骤4 单击工具箱中的椭圆形工具，按住【Ctrl】键绘制两个圆形，如图6-29所示。

步骤5 使用选择工具框选图形，单击属性栏中的"合并"按钮，得到的效果如图6-30所示。

图 6-25

步骤6 单击工具箱中的渐变填充工具，在弹出的"渐变填充"对话框中选择"线性""自定义"渐变，如图6-31所示，其中主要控制点的位置和颜色参数分别如下。

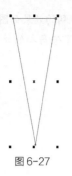
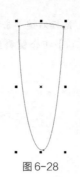

图 6-27   图 6-28   图 6-29

位置：0   颜色：CMYK值（20，0，60，0）
位置：28   颜色：CMYK值（12，1，33，0）
位置：49   颜色：CMYK值（2，2，10，0）
位置：75   颜色：CMYK值（20，0，60，0）
位置：90   颜色：CMYK值（13，1，34，0）
位置：100   颜色：CMYK值（2，2，9，0）

角度设置为180°，轮廓线宽度设置为 .25 mm ，完成的渐变效果如图6-32所示。

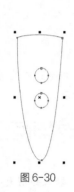
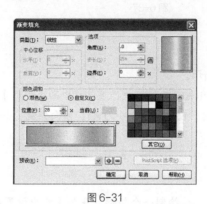

图 6-30   图 6-31   图 6-32

步骤7 绘制扣子的立体效果。单击选择工具 选中图形，再使用工具箱中的立体化工具 ，按住鼠标左键向左边拖动，扣子的立体效果立刻就出现了，如图6-33所示。

步骤8 使用贝塞尔工具 绘制一条曲线，如图6-34所示。

步骤9 按【F12】键弹出"轮廓笔"对话框，各项参数设置如图6-35所示。

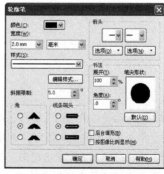

图 6-33   图 6-34   图 6-35

步骤10 单击"确定"按钮，得到的效果如图6-36所示。

步骤11 执行菜单栏中的【排列】/【将轮廓转换为对象】命令，如图6-37所示。

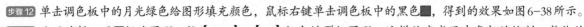

步骤12 单击调色板中的月光绿色给图形填充颜色，鼠标右键单击调色板中的黑色■，得到的效果如图6-38所示。

步骤13 使用选择工具▣框选图形，按【Ctrl】+【G】组合键群组图形，这样就完成了牛角扣的绘制，整体效果如图6-39所示。

图6-36　　　　　　　　　　　　　图6-37　　　　　　　　　　　图6-38　　　图6-39

▶▶6.2.2　金属搭扣的设计

金属搭扣的整体效果如图6-40所示。

步骤1 打开CorelDRAW软件，执行菜单栏中的【文件】/【新建】命令，或使用【Ctrl】+【N】组合键，设定纸张大小为A4，横向摆放，如图6-41所示。

图6-41

步骤2 使用矩形工具▣绘制一个矩形。在属性栏中设置对象大小，输入矩形大小为▣28.0 mm 40.0 mm，如图6-42所示。在属性栏中对矩形进行圆角设置，如图6-43所示。

步骤3 选择工具箱中的椭圆形工具◯，在矩形上绘制两个椭圆形，如图6-44所示。

图6-40

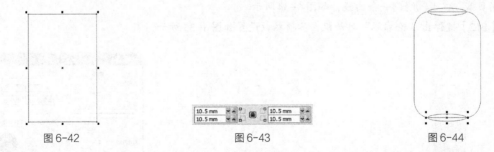

图6-42　　　　　　　　　　　　图6-43　　　　　　　　　　　　图6-44

步骤4 使用选择工具▣框选图形，单击属性栏中的"合并"按钮▣，得到的效果如图6-45所示。

步骤5 单击【+】键复制图形，再按【Shift】键等比例缩小图形，得到的效果如图6-46所示。

步骤6 使用选择工具▣框选图形，单击属性栏中的"合并"按钮▣结合图形，得到的效果如图6-47所示。

步骤7 单击工具箱中的渐变填充工具■ 渐变填充，在弹出的"渐变填充"对话框中选择"线性""自定义"渐变，如图6-48所示，其中主要控制点的位置和颜色参数分别如下。

位置：0　　　　　　　　　　颜色：CMYK值（0，20，100，0）

位置：3　　　　　　　　　　颜色：CMYK值（0，0，100，0）

位置：9	颜色：CMYK值（0，0，0，0）
位置：77	颜色：CMYK值（0，0，60，0）
位置：84	颜色：CMYK值（0，0，0，0）
位置：91	颜色：CMYK值（0，0，60，0）
位置：100	颜色：CMYK值（0，0，100，0）

角度设置为90°，完成的渐变效果如图6-49所示。

 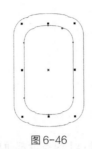 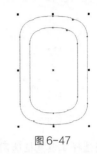

图6-45　　　　　　　　　图6-46　　　　　　　　　图6-47

步骤8　绘制扣子的立体效果。单击选择工具 选中图形，再使用工具箱中的立体化工具 ，按住鼠标左键向右边拖动，扣子的立体效果立刻就出现了，如图6-50所示。

图6-48　　　　　　　　　图6-49　　　　　　　　　图6-50

步骤9　使用矩形工具 绘制一个矩形。在属性栏中设置对象大小，输入矩形大小为 。单击属性栏中的"全部圆角"按钮 ，对矩形进行圆角设置，如图6-51所示，得到的效果如图6-52所示。

步骤10　单击工具箱中的渐变填充工具 渐变填充 ，在弹出的"渐变填充"对话框中选择"线性""自定义"渐变，如图6-53所示，其中主要控制点的位置和颜色参数分别如下。

图6-51　　　　　　　　　图6-52　　　　　　　　　图6-53

位置：0	颜色：CMYK值（0，20，100，0）
位置：25	颜色：CMYK值（0，0，0，0）

位置：31　　　　　　　颜色：CMYK值（0，0，100，0）

位置：100　　　　　　颜色：CMYK值（0，0，100，0）

角度设置为0°，完成的渐变效果如图6-54所示。

步骤11 执行菜单栏中的【排列】/【顺序】/【到页面后面】命令，得到的效果如图6-55所示。

步骤12 重复步骤9~步骤10的操作，采用相同的方法绘制金属搭环，效果如图6-56所示。

图6-54

图6-55

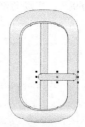

图6-56

步骤13 使用选择工具![]框选图形，按【Ctrl】+【G】组合键群组图形，如图6-57所示。

步骤14 单击【+】键，复制图形，然后执行菜单栏中的【排列】/【顺序】/【向后一层】命令。鼠标左键单击调色板中的黑色![]，按【Ctrl】键往右拖动图形，得到金属搭扣的立体效果，如图6-58所示。

步骤15 使用选择工具![]框选图形，按【Ctrl】+【G】组合键群组图形，这样就完成了金属搭扣的绘制，整体效果如图6-59所示。

图6-57

图6-58

图6-59

▶▶ 6.2.3　金属铆钉的设计

金属铆钉的整体效果如图6-60所示。

图6-60

步骤1 打开CorelDRAW软件，执行菜单栏中的【文件】/【新建】命令，或使用【Ctrl】+【N】组合键，设定纸张大小为A4，横向摆放，如图6-61所示。

图6-61

步骤2 使用椭圆形工具![]按住【Ctrl】键绘制一个圆形。在属性栏中设置对象大小，输入矩形大小为![35.0 mm 35.0 mm]，如图6-62所示。

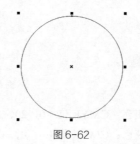

图6-62

步骤3 单击工具箱中的渐变填充工具 渐变填充，在弹出的"渐变填充"对话框中选择"辐射""自定义"渐变，如图6-63所示，其中主要控制点的位置和颜色参数分别如下。

位置：0　　　　　　　　　　颜色：CMYK值（39，57，74，1）

位置：34　　　　　　　　　　颜色：CMYK值（5，24，34，0）

位置：100　　　　　　　　　颜色：CMYK值（0，0，0，10）

角度设置为0°，完成的渐变效果如图6-64所示。

步骤4 按【+】键复制图形，再按【Shift】键等比例缩小图形，得到的效果如图6-65所示。

图6-63

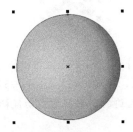

图6-64

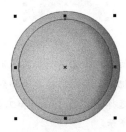

图6-65

步骤5 使用矩形工具在圆形的基础上绘制一个矩形。在属性栏中设置对象大小，输入矩形大小为，得到的效果如图6-66所示。

步骤6 按住【Shift】键加选小圆形，单击属性栏中的"简化"按钮，得到的效果如图6-67所示。

步骤7 使用选择工具选中矩形，按【Delete】键删除。鼠标左键单击调色板中的⊠，得到的效果如图6-68所示。

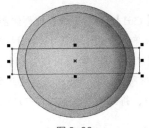

图6-66

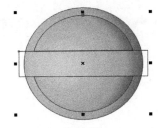

图6-67

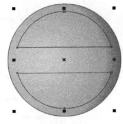

图6-68

步骤8 按【F12】键弹出"轮廓笔"对话框，选项及参数设置如图6-69所示，其中轮廓笔颜色的CMYK值为（44，54，66，2）。

步骤9 单击"确定"按钮，得到的效果如图6-70所示。

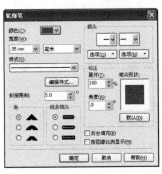

图6-69

步骤10 选择贝塞尔工具，绘制图形，设置轮廓宽度为，轮廓笔颜色的CMYK值为（44，54，66，2），效果如图6-71所示。

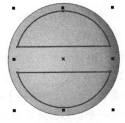

图6-70

图6-71

步骤11 按【+】键复制图形，按【Ctrl】键把复制的图形往下平移到一定的位置，如图6-72所示。

步骤12 使用选择工具 全选图形，按【Ctrl】+【G】组合键群组图形。按【+】键复制图形，按住【Ctrl】键把复制的图形往下平移到一定的位置，得到的效果如图6-73所示。

步骤13 重复按12次【Ctrl】+【D】组合键，得到的效果如图6-74所示。

图6-72

图6-73

图6-74

步骤14 使用选择工具 全选图形，按【Ctrl】+【G】组合键群组图形。按【+】键复制图形，按住【Ctrl】键把复制的图形往右平移到一定的位置，得到的效果如图6-75所示。

步骤15 选择工具箱中的调和工具 ，单击左边的图形往右拖动鼠标至右边的图形执行调和效果，如图6-76所示。

步骤16 在属性栏中设置调和的步数为 16 ，得到的效果如图6-77所示。

图6-75

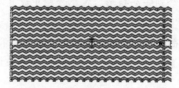
图6-76

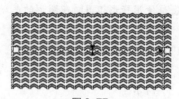
图6-77

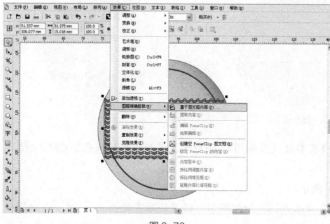
图6-78

步骤17 按住【Ctrl】+【G】组合键群组图形。执行菜单栏中的【效果】/【图框精确剪裁】/【置于图文框内部】命令，如图6-78所示，把图形放置在左边的小圆形中，得到的效果如图6-79所示。

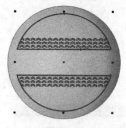
图6-79

步骤18 单击鼠标右键，弹出菜单，如图6-80所示。单击"编辑PowerClip"命令，得到的效果如图6-81所示。

步骤19 使用选择工具 选择图形，按住【Ctrl】键往下移动到图6-82所示的位置。

步骤20 按【+】键复制图形，单击属性栏中的"垂直镜像"按钮 ，并将图形移动到图6-83所示的位置。

步骤21 执行菜单栏中的【效果】/【图框精确剪裁】/【结束编辑】命令，得到的效果如图6-84所示。

步骤22 使用椭圆形工具 ，按住【Ctrl】键绘制一个圆形，效果如图6-85所示。

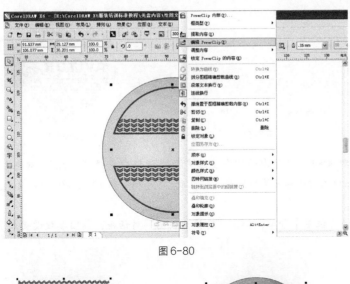

图6-80

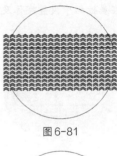

图6-81

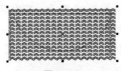

图6-82

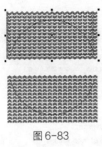

图6-83

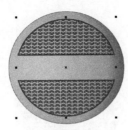

图6-84

图6-85

步骤23 单击工具箱中的渐变填充工具 渐变填充，在弹出的"渐变填充"对话框中选择"辐射""自定义"渐变，如图6-86所示，其中主要控制点的位置和颜色参数分别如下。

位置：0　　　　　　　颜色：CMYK值（68，89，89，33）

位置：46　　　　　　颜色：CMYK值（48，82，97，7）

位置：73　　　　　　颜色：CMYK值（9，20，24，0）

位置：100　　　　　　颜色：CMYK值（0，0，0，0）

角度设置为0°，完成的渐变效果如图6-87所示。

步骤24 单击【+】键复制图形，然后执行菜单栏中的【排列】/【顺序】/【向后一层】命令，鼠标左键单击调色板中的黑色 ，按住【Ctrl】键往右拖动图形，得到的效果如图6-88所示。

图6-86

图6-87

图6-88

步骤25 使用文本工具 字 输入"AVITOR"英文字母，如图6-89所示。

步骤26 在属性栏中设置字体及大小，参数如图6-90所示，得到的效果如图6-91所示。

图6-89　　　　　　　　　　　图6-90　　　　　　　　　　图6-91

步骤27 单击工具箱中的渐变填充工具 ▇ 渐变填充 ，在弹出的"渐变填充"对话框中选择"线性""双色"渐变，如图6-92所示，其中两种颜色的CMYK参数值分别为（12，40，57，0）和（57，89，93，19），完成的文字渐变效果如图6-93所示。

步骤28 执行菜单栏中的【位图】/【转换为位图】命令，弹出"转换为位图"对话框，各项参数设置如图6-94所示。

图6-92　　　　　　　　　　　图6-93　　　　　　　　　　图6-94

步骤29 单击"确定"按钮，得到的效果如图6-95所示。

步骤30 执行菜单栏中的【位图】/【三维效果】/【浮雕】命令，弹出"浮雕"对话框，选项及参数设置如图6-96所示。

步骤31 单击"确定"按钮，得到的效果如图6-97所示。

图6-95　　　　　　　　　　　图6-96　　　　　　　　　　图6-97

步骤32 使用选择工具 ▨ 框选图形，按【Ctrl】+【G】组合键群组图形，如图6-98所示。

步骤33 单击【+】键复制图形，然后执行菜单栏中的【排列】/【顺序】/【向后一层】命令，按住鼠标左键单击调色板中的黑色 ▇ ，按【Ctrl】键往右拖动图形，得到金属铆钉的立体投影效果，如图6-99所示。

步骤34 使用选择工具 ▨ 框选图形，按【Ctrl】+【G】组合键群组图形，这样就完成了金属铆钉的绘制，整体效果如图6-100所示。

图 6-98

图 6-99

图 6-100

6.3 拉链的设计

拉链是服装中最常用的辅料之一，根据不同的材料可以分为金属拉链、塑胶拉链和尼龙拉链等，下面主要介绍金属拉链的设计与表现方法。

拉链的整体效果如图6-101所示。

步骤1 打开CorelDRAW软件，执行菜单栏中的【文件】/【新建】命令，或使用【Ctrl】+【N】组合键，设定纸张大小为A4，横向摆放，如图6-102所示。

图 6-102

步骤2 使用矩形工具▢绘制一个矩形。在属性栏中设置对象大小，输入矩形大小为 ▮▮▮，如图6-103所示。

步骤3 使用均匀填充工具▮ 均匀填充 ，设置填充色的CMYK值为（10，15，21，0），如图6-104所示。

步骤4 使用贝塞尔工具▧和形状工具▧绘制拉链齿造型，如图6-105所示。

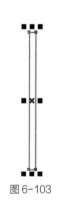

图 6-101

图 6-103　　　　图 6-104

图 6-105

步骤5 按【+】键复制图形，单击属性栏中的"水平镜像"按钮▦，然后把复制的图形往下平移到一定的位置，再按【Ctrl】+【G】组合键群组图形，如图6-106所示。

步骤6 按【+】键复制图形，并把复制的图形向下平移到一定的位置，如图6-107所示。

步骤7 单击工具箱中的调和工具▦，单击上边的图形往下拖动鼠标至下方图形执行调和效果，如图6-108所示。

步骤8 在属性栏中设置调和的步数为 ▮25 ▾，得到的效果如图6-109所示。

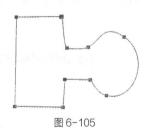

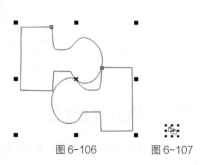

图 6-106　　　　图 6-107

步骤9 按住【Ctrl】+【G】组合键群组图形，单击工具箱中的渐变填充工具 渐变填充 ，在弹出的"渐变填充"对话框中选择"线性""自定义"渐变，如图6-110所示，其中主要控制点的位置和颜色参数分别如下。

位置：0　　　　　　　　　　颜色：CMYK值（10，15，21，0）

位置：100　　　　　　　　　颜色：CMYK值（0，0，0，0）

角度设置为0°，完成的渐变效果如图6-111所示。

步骤10 执行菜单栏中的【效果】/【图框精确剪裁】/【置于图文框内部】命令，把绘制好的拉链齿放置在矩形中，如图6-112所示。

步骤11 使用贝塞尔工具 和形状工具 绘制拉链头造型，如图6-113所示。

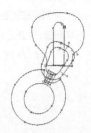

图6-108　　图6-109

图6-110

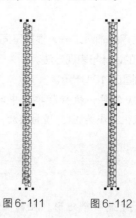

图6-111　　图6-112　　图6-113

步骤12 按【Ctrl】+【G】组合键群组图形，单击工具箱中的渐变填充工具 渐变填充 ，在弹出的"渐变填充"对话框中选择"线性""自定义"渐变，如图6-114所示，其中主要控制点的位置和颜色参数分别如下。

位置：0　　　　　　　　　　颜色：CMYK值（10，15，21，0）

位置：100　　　　　　　　　颜色：CMYK值（0，0，0，0）

角度设置为0°，完成的渐变效果如图6-115所示。

步骤13 选中拉链头，把它移动到绘制好的拉链齿上，按【Ctrl】+【G】组合键群组图形，这样就完成了拉链的绘制，整体效果如图6-116所示。

图6-114

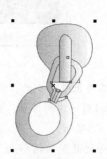

图6-115

图6-116

6.4　珠片的设计

珠片是装饰材料，多用于女装的晚礼服、婚纱和舞台服装中。下面主要介绍珠片图案的设计和表现方法。

图 6-117

珠片图案的整体效果如图6-117所示。

步骤1 打开CorelDRAW软件，执行菜单栏中的【文件】/【新建】命令，或使用【Ctrl】+【N】组合键，设定纸张大小为A4，横向摆放，如图6-118所示。

| A4 | ⬚ 297.0 mm ▲▼ | □ □ ⬚ ▣ ▥ | 单位: 毫米 ⌄ | ⇔ 2.54 mm ▲▼ | ▣ 6.35 mm ▲▼ |
| | ⬚ 210.0 mm ▲▼ | | | | ▣ 6.35 mm ▲▼ |

图 6-118

步骤2 选择椭圆形工具◯，按住【Ctrl】键绘制一个圆形，如图6-119所示。

步骤3 按【+】键复制图形，按住【Shift】键等比例缩小图形，如图6-120所示。

步骤4 使用选择工具▨框选图形，单击属性栏中的"合并"按钮▣结合图形，得到的效果如图6-121所示。

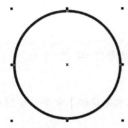

图 6-119

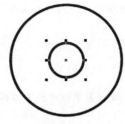

图 6-120

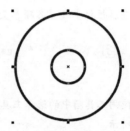

图 6-121

步骤5 单击工具箱中的渐变填充工具▬渐变填充，在弹出的"渐变填充"对话框中选择"正方形""自定义"渐变，如图6-122所示，其中主要控制点的位置和颜色参数分别如下。

位置：0　　　　　颜色：CMYK值（0, 60, 100, 0）

位置：22　　　　 颜色：CMYK值（0, 40, 60, 0）

位置：53　　　　 颜色：CMYK值（0, 0, 60, 0）

位置：100　　　　颜色：CMYK值（0, 0, 0, 0）

角度设置为0°，完成的渐变效果如图6-123所示。

步骤6 按【+】键复制图形，然后执行菜单栏中的【排列】/【顺序】/【向后一层】命令。鼠标左键单击调色板中的黑色，按住【Ctrl】键往右拖动图形，得到的效果如图6-124所示。

图 6-122

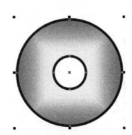

图 6-123

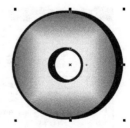

图 6-124

步骤7 选择工具箱中的艺术笔工具▨，单击属性栏中的"添加到喷涂列表"按钮▣把绘制好的图形自定义为艺术画笔，在属性栏中设置各项参数，如图6-125所示。

| ⋈ ✂ ▣ ◔ ✎ | 50 ▲▼ % 🔒 ▲▼ | 自定义 ⌄ | ◔◯◐ ⌄ | ▣ 🖫 ⬚ 🗑 | 顺序 ⌄ | ▣ ⬚ | 1 ▲▼ | ▣ % ▣ | ⦿ | ※ |
| | 99 ▲▼ | | | | | | .9 mm ▲▼ | | | |

图 6-125

步骤8 使用贝塞尔工具 绘制一条路径，如图6-126所示。

步骤9 使用艺术笔工具 ，在属性栏的喷涂列表中单击珠片艺术笔 ，得到的效果如图6-127所示。

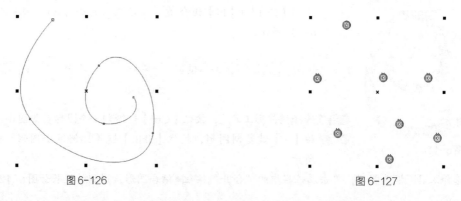

图6-126   图6-127

步骤10 在属性栏中设置各项参数，如图6-128所示。得到的效果如图6-129所示。

图6-128

步骤11 使用工具箱中的选择工具 框选图形，执行菜单栏中的【排列】/【拆分艺术笔群组】命令，如图6-130所示。

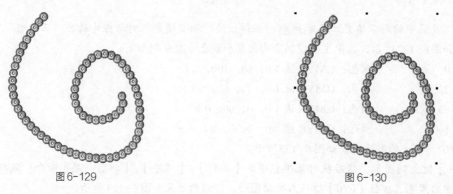

图6-129   图6-130

步骤12 单击选择工具 选择路径，按【F12】键弹出"轮廓笔"对话框，各项参数设置如图6-131所示。

步骤13 单击"确定"按钮，这样就完成了珠片图案的绘制，整体效果如图6-132所示。

图6-131

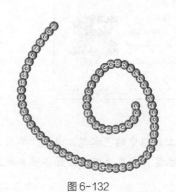

图6-132

6.5 花边的设计

花边多用于女装衬衫、裙子、内衣和童装中，有很强的装饰性。下面主要介绍蕾丝花边的表现方法。

蕾丝花边的整体效果如图6-133所示。

步骤1 打开CorelDRAW软件，执行菜单栏中的【文件】/【新建】命令，或使用【Ctrl】+【N】组合键，设定纸张大小为A4，横向摆放，如图6-134所示。

图6-134

图6-133

步骤2 选择椭圆形工具○，按住【Ctrl】键绘制一个正圆形，如图6-135所示。

步骤3 使用椭圆形工具○在圆形中绘制6个椭圆形，如图6-136所示。

步骤4 使用选择工具框选图形，单击属性栏中的"合并"按钮结合图形，如图6-137所示。

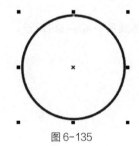

图6-135

图6-136

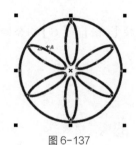

图6-137

步骤5 选择矩形工具绘制一个矩形，如图6-138所示。

步骤6 使用选择工具框选图形，单击属性栏中的"简化"按钮，得到的效果如图6-139所示。

步骤7 选择矩形，按【Delete】键删除，得到的效果如图6-140所示。

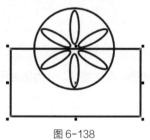

图6-138

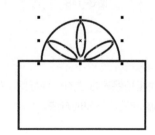

图6-139

图6-140

步骤8 选择椭圆形工具○，按住【Ctrl】键绘制8个小圆形，如图6-141所示。

步骤9 使用选择工具框选图形，单击属性栏中的"合并"按钮结合图形，如图6-142所示。

图6-141

图6-142

步骤10 选择工具箱中的艺术笔工具，单击属性栏中的"添加到喷涂列表"按钮把绘制好的图形自定义为艺术画笔，各项参数设置如图6-143所示。

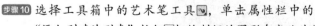

图6-143

步骤11 使用贝塞尔工具绘制一条路径，如图6-144所示。

步骤12 使用艺术笔工具 ，在属性栏的喷涂列表中单击花边艺术笔，得到的效果如图6-145所示。

图6-144   图6-145

步骤13 在属性栏中设置各项参数，如图6-146所示。单击属性栏中的"旋转"按钮设置参数，如图6-147所示。得到的效果如图6-148所示。

图6-146

步骤14 按【Ctrl】+【G】组合键群组图形，这样就完成了蕾丝花边的绘制，整体效果如图6-149所示。

图6-147   图6-148   图6-149

6.6 服装吊牌的设计

服装吊牌是说明产品的品牌、原料、性能和保养方法的一种标牌。根据服装的不同种类可以分为男装吊牌、女装吊牌和童装吊牌。下面主要介绍女装吊牌的设计与表现方法。

吊牌的整体效果如图6-150所示。

图6-150

步骤1 打开CorelDRAW软件，执行菜单栏中的【文件】/【新建】命令，或使用【Ctrl】+【N】组合键，设定纸张大小为A4，横向摆放，如图6-151所示。

图6-151

步骤2 单击工具箱中的矩形工具▢，绘制一个矩形。在属性栏中设置对象大小，输入矩形大小为 █110.0 mm█，如图6-152所示。在属性栏中对矩形进行圆角设置，如图6-153所示。

步骤3 执行菜单栏中的【排列】/【转换为曲线】命令，使用形状工具▨修改吊牌的造型，如图6-154所示。

步骤4 单击调色板中的海军蓝色█，CMYK值为（60，40，0，40），给图形填充颜色，如图6-155所示。

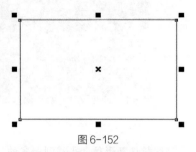

图6-152

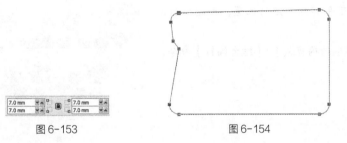

图6-153   图6-154

图6-155

步骤5 执行菜单栏中的【文件】/【导入】命令，导入图6-156所示的花卉图案。

步骤6 执行菜单栏中的【效果】/【图框精确剪裁】/【置于图文框内部】命令，把印花图案放置在图形中，如图6-157所示。

步骤7 单击工具箱中的矩形工具▢，绘制一个矩形。在属性栏中设置对象大小，输入矩形大小为 █124.0 mm█，如图6-158所示。

图6-156   图6-157   图6-158

步骤8 单击调色板中的青色█，给图形填充颜色。鼠标右键单击⊠去除轮廓线，如图6-159所示。

步骤9 选择工具箱中的透明度工具▨，在属性栏中设置各项参数，如图6-160所示。得到的效果如图6-161所示。

图6-159   图6-160   图6-161

步骤10 执行菜单栏中的【效果】/【图框精确剪裁】/【置于图文框内部】命令，把矩形放置在图形中，如图6-162所示。

步骤11 选择图形单击鼠标右键，弹出菜单，如图6-163所示。单击"编辑PowerClip"命令，得到的效果如图6-164所示。

图 6-162

图 6-163

步骤12 挑选矩形往上平移到一定的位置，如图 6-165 所示。

步骤13 按【+】键复制矩形，然后往下平移到一定的位置，如图 6-166 所示。

步骤14 执行菜单栏中的【效果】/【图框精确剪裁】/【结束编辑】命令，得到的效果如图 6-167 所示。

图 6-164

图 6-165

图 6-166

图 6-167

步骤15 使用文本工具 字 输入 "Polo FiElS" 英文字母，如图 6-168 所示。

步骤16 在属性栏中设置字体及大小参数，如图 6-169 所示，得到的效果如图 6-170 所示。

Polo FiElS

图 6-168

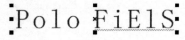
O Trebuchet MS　　48 pt

图 6-169

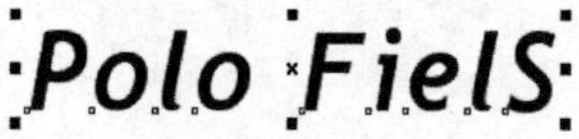

Polo FielS

图 6-170

步骤17 单击调色板中的蓝色 ■，给英文字母填充颜色，如图 6-171 所示。

步骤18 按【F12】键弹出"轮廓笔"对话框，各项参数设置如图 6-172 所示。

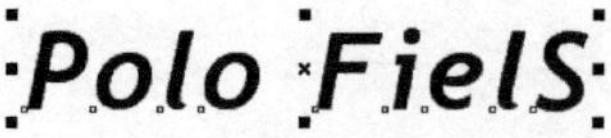

Polo FielS

图 6-171

步骤19 单击"确定"按钮，得到的效果如图 6-173 所示。

步骤20 把字母放置在吊牌当中，执行【排列】/【将轮廓转换为对象】命令，如图 6-174 所示。

图 6-172

步骤21 使用椭圆形工具◯按住【Ctrl】键绘制一个圆形，如图6-175所示。

步骤22 单击调色板中的白色□，给圆形填充颜色，在属性栏中设置轮廓宽度为
Δ .75 mm ，如图6-176所示。

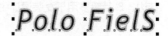

图6-173

图6-174

图6-175

图6-176

步骤23 按【+】键复制圆形，按【Shift】键等比例缩小图形，如图6-177所示。

步骤24 使用选择工具框选两个圆形，按【Ctrl】+【G】组合键群组图形，如图6-178所示。

步骤25 使用贝塞尔工具和形状工具绘制一条路径，如图6-179所示。

图6-177

图6-178

图6-179

步骤26 按【F12】键弹出"轮廓笔"对话框，各项参数设置如图6-180所示，单击"确定"按钮。

步骤27 执行菜单栏中的【排列】/【将轮廓转换为对象】命令。单击调色板中的黄色□，给图形填充颜色，如图6-181所示。

步骤28 使用选择工具框选图形，按【Ctrl】+【G】组合键群组图形，这样就完成了女装吊牌的绘制，整体效果如图6-182所示。

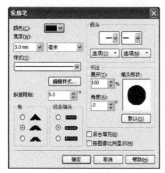

图6-180

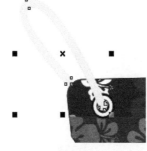

图6-181

图6-182

6.7 本章小结

服装辅料的材质、色彩和形状等关系着整件服装的形象。设计布置得当，将有利于提高服装的整体档次。如

花边、珠片等多用于女装设计中，以提高服装的档次和装饰性。在绘制服装辅料时，要注意艺术笔工具的使用。

6.8 练习与思考

1. 服饰辅料主要包括哪些种类？
2. 设计并绘制一款运动装上的织带。
3. 设计并绘制一个牛仔裤上的金属铆钉。
4. 设计并绘制一款塑胶拉链。
5. 设计并绘制一款男装吊牌。

第 **7** 章

服饰配件的设计及表现

服饰配件，又称服饰品，是除服装以外所有附加在人体上的装饰品。主要包括包袋、腰饰、围巾、披肩、首饰、帽饰、鞋、袜、手套、眼镜等。

● 包袋：以实用为基础又带有装饰性的背在肩上或拎在手上的物品。常用的包有宴会包、公文包、化妆包、皮夹、学生书包、女士提包等，如图7-1所示。

图7-1

● 腰饰：用于腰间的各种装饰物。常用的腰饰有腰带、腰链等，如图7-2所示。

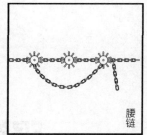

图7-2

● 围巾、披肩：以实用为基础，用于颈部、肩部，且以纺织物为主要材料的物品，如图7-3所示。

● 首饰：用于头、颈、手上的饰品称为"首饰"。首饰包括耳环、项链、面饰、鼻饰、腕饰、手饰等，如图7-4所示。

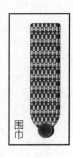

图7-3   图7-4

● 帽饰：戴在头上的，用于遮阳、保暖、挡风的物品叫帽饰，如图7-5所示。

图7-5

- 鞋、袜、手套：用于手、足部位的物品，如图7-6所示。

图7-6

- 领饰：用于领口和紧挨领口部位的装饰物，包括领结、领花、别针、胸针等，如图7-7所示。

图7-7

下面分别介绍各种服饰配件的设计及表现方法。

7.1 包袋的设计

7.1.1 男式公文包设计

公文包的整体效果如图7-8所示。

图7-8

步骤1 打开CorelDRAW软件，执行菜单栏中的【文件】/【新建】命令，或使用【Ctrl】+【N】组合键，设定纸张大小为A4，横向摆放，如图7-9所示。

图7-9

步骤2 单击工具箱中的矩形工具□，绘制两个矩形。在属性栏中设置对象大小，输入矩形大小为 120.0 mm 和 105.0 mm，如图7-10所示。单击属性栏中的"全部圆角"按钮，对大、小两个矩形分别进行圆角设置，如图7-11和图7-12所示。

步骤3 选择矩形，单击工具箱中的均匀填充工具■ 均匀填充，在弹出的"均匀填充"对话框中将填色的数值设定为PANTONE 4705C（深咖啡色），如图7-13所示。在属性栏中设定轮廓线的数值为 .25 mm，效果如图7-14所示。

步骤4 挑选大矩形，按【+】键复制大矩形。单击CMYK调色板中的⊠，使其无色彩填充，如图7-15所示。执行菜单栏中的【排列】/【转换为曲线】命令，如图7-16所示。

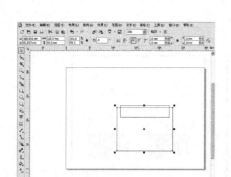

图 7-10

图 7-11

图 7-12

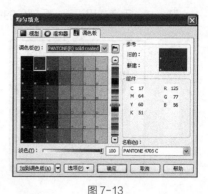

图 7-13

图 7-14

图 7-15

步骤5 使用工具箱中的形状工具 ，选中矩形上面的两个节点，单击属性栏中的"断开曲线"按钮 ，如图 7-17所示。

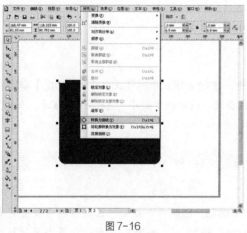

图 7-16

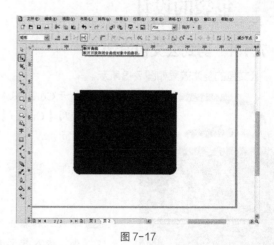

图 7-17

步骤6 使用选择工具 选取已拆分的矩形，单击属性栏中的"拆分"按钮 ，或使用【Ctrl】+【K】组合键，单击已拆分的直线，按【Delete】键删除。然后按【Shift】键等比例缩放绘制皮包的缉明线。使缉明线处于选择状态，按【F12】键弹出"轮廓笔"对话框，选项及参数设置如图7-18所示。得到的效果如图7-19所示。

步骤7 重复步骤4~步骤6的操作，绘制包盖小矩形的缉明线，效果如图7-20所示。

步骤8 绘制皮包的立体效果。单击选择工具 ，选中大的矩形，再使用工具箱中的立体化工具 ，按住鼠标左键向右拖动，包的立体效果就立刻出现了，如图7-21所示。

图 7-18

图 7-19

图 7-20

图 7-21

步骤9 执行菜单栏中的【排列】/【拆分立体化群组】命令，如图7-22所示。

步骤10 选择拆分的包墙，单击工具箱中的均匀填充工具 ■ 均匀填充 ，在弹出的"均匀填充"对话框中将颜色设定为PANTONE 4695C，如图7-23所示。

图 7-22

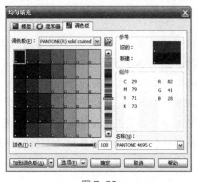

图 7-23

步骤11 单击"确定"按钮后，得到的效果如图7-24所示。

步骤12 使用工具箱中的矩形工具 ▣ 在包盖上绘制两个矩形，在属性栏中设置矩形大小为 14.0 mm 和 9.0 mm ，如图7-25所示。

步骤13 使用选择工具 ▣ 框选两个矩形，如图7-26所示。执行菜单栏中的【排列】/【转换为曲线】命令，如图7-27所示。

图 7-24

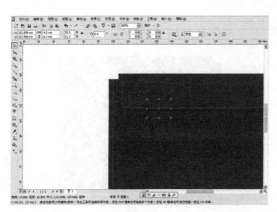

图 7-25

图 7-26

步骤14 按住鼠标左键，从左侧标尺栏往右边拖动，添加辅助线，辅助线要对齐两个矩形的中心位置，如图7-28所示。

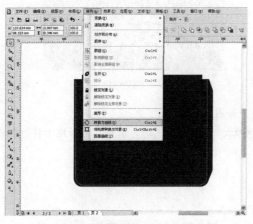

图 7-27

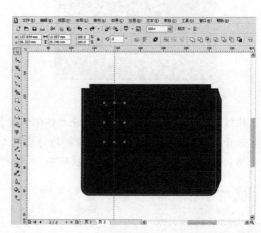

图 7-28

步骤15 使用形状工具，双击两个矩形与辅助线的交点，添加两个节点，效果如图7-29和图7-30所示。

步骤16 使用形状工具选中刚添加的两个节点，按住【Ctrl】键拖动节点往下平移，效果如图7-31所示。

步骤17 使用选择工具框选图形，然后单击属性栏中的"合并"按钮，把两个图形结合成一个图形，包的扣襻造型就设计好了，效果如图7-32所示。

图 7-29

图 7-30

图 7-31

图 7-32

步骤18 单击调色板中的砖红色，将图形填充为砖红色▉。在属性栏中设定轮廓线的宽度为 ，效果如图7-33所示。

步骤19 按【＋】键复制图形，按住【Shift】键从外向内等比例缩放图形，单击CMYK调色板中的⊠，使其无色彩填充。按【F12】键弹出"轮廓笔"对话框，选项及参数设置如图7-34所示，单击"确定"按钮，得到的效果如图7-35所示。

图 7-33

图 7-34

图 7-35

步骤20 选择矩形工具▢，设置矩形大小为 ▦，绘制圆角矩形，圆角数值设定如图7-36所示。按【＋】键复制图形，按住【Shift】键从外向内等比例缩放图形。使用挑选工具▨框选两个圆角矩形，然后单击属性栏中的"合并"按钮▣，把两个图形结合成一个图形，包的金属搭扣就画好了，效果如图7-37所示。

步骤21 在搭扣中间绘制一个矩形，如图7-38所示。用选择工具框选这两个图形，然后单击属性栏中的"修剪"按钮▣，按【Delete】键删除矩形，效果如图7-39所示。

图 7-36

图 7-37

图 7-38

步骤22 单击工具箱中的渐变填充工具▦渐变填充，在弹出的"渐变填充"对话框中选择"线性""自定义"渐变，如图7-40所示，其中主要控制点的位置和颜色参数分别如下。

位置：0　　　　颜色：CMYK值（0, 20, 100, 0）

位置：10　　　　颜色：CMYK值（0, 16, 81, 0）

位置：19　　　　颜色：CMYK值（0, 0, 100, 0）

位置：26　　　　颜色：CMYK值（0, 0, 0, 0）

位置：39　　　　颜色：CMYK值（0, 20, 60, 20）

位置：51　　　　颜色：CMYK值（0, 0, 0, 0）

位置：59　　　　颜色：CMYK值（0, 0, 100, 0）

位置：77　　　　颜色：CMYK值（0, 40, 80, 0）

位置：100　　　　颜色：CMYK值（0, 20, 100, 0）

角度设置为90°，轮廓线宽度设置为▦，完成的渐变效果如图7-41所示。

图 7-39

图 7-40

图 7-41

步骤23 选择矩形工具□，设置矩形大小为 ▣1.0 mm 6.0 mm，单击工具箱中的渐变填充工具 ▣渐变填充，在弹出的"渐变填充"对话框中选择"线性""自定义"渐变，如图7-42所示，其中主要控制点的位置和颜色参数分别如下。

位置：0   颜色：CMYK值（0，20，100，0）
位置：28   颜色：CMYK值（0，0，100，0）
位置：45   颜色：CMYK值（0，0，0，0）
位置：65   颜色：CMYK值（0，0，100，0）
位置：100   颜色：CMYK值（0，20，100，0）

图 7-42

角度设置为0°，轮廓线宽度设置为 ▣.25 mm，完成的渐变效果如图7-43所示。

步骤24 使用矩形工具□绘制一个矩形，矩形大小设置为 ▣12.0 mm 4.0 mm。单击调色板中的砖红色▣，使图形填充为砖红色，在属性栏中设定轮廓线的宽度为 ▣.25 mm，效果如图7-44所示。

步骤25 使用选择工具▣框选图形，按【Ctrl】+【G】组合键群组图形，如图7-45所示。

图 7-43

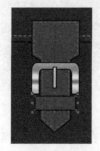

图 7-44

图 7-45

步骤26 按【+】键复制图形，然后执行菜单栏中的【排列】/【顺序】/【向后一层】命令，按住鼠标左键单击调色板中的黑色▣，按住【Ctrl】键往右拖动图形，得到扣袢的立体效果，如图7-46所示。

步骤27 使用选择工具▣框选图形，按【Ctrl】+【G】组合键群组图形。按【+】键复制图形，按住【Ctrl】键往右平移图形，得到的效果如图7-47所示。

图 7-46

图 7-47

步骤28 使用贝塞尔工具 和形状工具 绘制出图7-48、图7-49所示的包带造型。要注意的是包带必须由两个闭合的路径组成，这样便于填色处理。

步骤29 分别给两个闭合路径填充砖红色和深咖啡色（PANTONE 4695C），设定轮廓线的数值为 .25 mm 。使用手绘工具 画出包带的缉明线，使缉明线处于选择状态，按【F12】键弹出"轮廓笔"对话框，选项及参数设置如图7-50所示，包带最后的效果如图7-51所示。

图7-48　　　　　　　　图7-49　　　　　　　　图7-50

步骤30 重复步骤20的操作，绘制金属环，如图7-52所示。

步骤31 单击属性栏中的 341.1 工具，设置旋转角度，如图7-53所示。

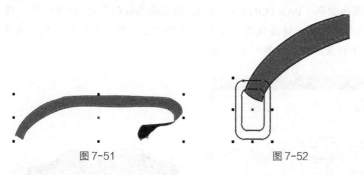

图7-51　　　　　　　　图7-52　　　　　　　　图7-53

步骤32 单击工具箱中的渐变填充工具 渐变填充 ，在弹出的"渐变填充"对话框中选择"线性""自定义"渐变，如图7-54所示，其中主要控制点的位置和颜色参数分别如下。

位置：0　　　　　　颜色：CMYK值（0，20，100，0）
位置：8　　　　　　颜色：CMYK值（0，0，100，0）
位置：12　　　　　 颜色：CMYK值（0，0，0，0）
位置：18　　　　　 颜色：CMYK值（0，0，100，0）
位置：34　　　　　 颜色：CMYK值（4，3，34，0）
位置：38　　　　　 颜色：CMYK值（0，0，0，0）
位置：41　　　　　 颜色：CMYK值（5，4，35，0）
位置：100　　　　　颜色：CMYK值（0，20，100，0）

图7-54

角度设置为 341.1 ，轮廓线宽度设置为 0.25 mm ，完成的渐变效果如图7-55所示。

步骤33 重复步骤26的操作，绘制金属环的立体效果，如图7-56所示。

步骤34 使用【Ctrl】+【G】组合键群组图形，执行菜单栏中的【排列】/【顺序】/【置于此对象后】命令，把群组后的金属环放置在包带的后部，如图7-57所示。

步骤35 按【＋】键复制图形，按住【Ctrl】键往右平移图形，执行菜单栏中的【排列】/【顺序】/【置于此对象后】命令，把群组后的金属环放置在包带的后部，得出的效果如图7-58所示。

步骤36 重复步骤31～步骤35的操作，采用相同的方法绘制其余的金属环，效果如图7-59所示。

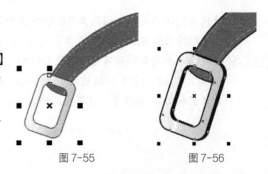

图 7-55　　　　图 7-56

图 7-57

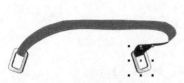

图 7-58

图 7-59

步骤37 使用贝塞尔工具和形状工具绘制出图7-60所示的包的提手造型。要注意的是提手必须由两个闭合路径组成，这样便于填色处理。

步骤38 分别给两个闭合路径填充砖红色和深咖啡色（PANTONE 4695C），设定轮廓线的宽度为 .25 mm。使用手绘工具画出提手的缂明线。使缂明线处于选择状态，按【F12】键弹出"轮廓笔"对话框，选项及参数设置如图7-61所示，包的提手的最后效果如图7-62所示。

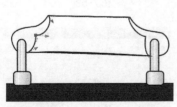

图 7-60

图 7-61

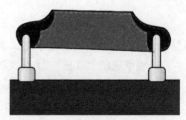

图 7-62

步骤39 使用选择工具框选图形，按【Ctrl】＋【G】组合键群组图形，如图7-63所示。执行菜单栏中的【排列】/【顺序】/【到页面后面】命令，把包的提手放置到金属环的后部，如图7-64所示。

步骤40 这样就完成了公文包的绘制，整体效果如图7-65所示。

图 7-63

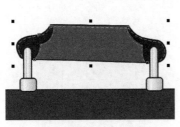

图 7-64

图 7-65

▶▶ 7.1.2　女式包袋设计

女式包袋的整体效果如图7-66所示。

图 7-66

步骤1　打开CorelDRAW软件，执行菜单栏中的【文件】/【新建】命令，或使用【Ctrl】+【N】组合键，设定纸张大小为A4，横向摆放，如图7-67所示。

图 7-67

步骤2　使用贝塞尔工具和形状工具绘制图7-68所示包的造型，在属性栏中设置轮廓宽度为 .35 mm，填充白色。

步骤3　再次使用贝塞尔工具和形状工具绘制图7-69所示的闭合路径，在属性栏中设置轮廓宽度为 .35 mm。

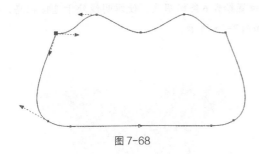

图 7-68　　　　　　　　　　　图 7-69

步骤4　执行菜单栏中的【文件】/【导入】命令，导入第5章所绘制的大格子面料，如图7-70所示。

步骤5　执行菜单栏中的【效果】/【图框精确剪裁】/【置于图文框内部】命令，把格子面料放置到图形中，得到的效果如图7-71所示。

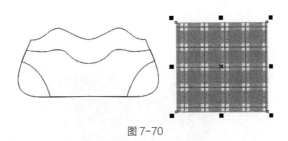

图 7-70

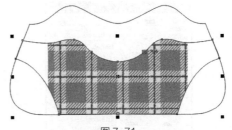

图 7-71

步骤6　单击鼠标右键，弹出菜单，如图7-72所示。单击"编辑PowerClip"命令，得到的效果如图7-73所示。

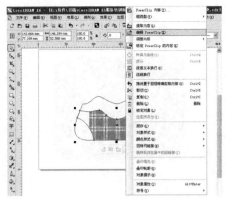

图 7-72

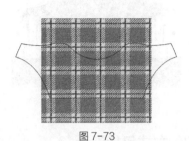

图 7-73

步骤7 选择图案后按【+】键复制，把复制的图形向右平移，得到的效果如图7-74所示。在此要提醒读者，
条格面料的拼接一定要注意对条对格。

步骤8 使用选择工具 框选图形，然后把图形平移到图7-75所示的位置。

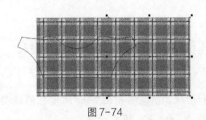

图 7-74

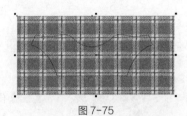

图 7-75

步骤9 在属性栏中设置条格图案的旋转角度为 341.1°，然后执行菜单栏中的【效果】/【图框精确剪裁】/【结
束编辑】命令，得到的效果如图7-76所示。

步骤10 使用贝塞尔工具 和形状工具 ，在图7-77所示的位置绘制6条缉明线，使缉明线处于选择状态，按
【F12】键弹出"轮廓笔"对话框，选项及参数设置如图7-78所示。

图 7-76

图 7-77

步骤11 单击"确定"按钮，得到的效果如图7-79所示。

图 7-78

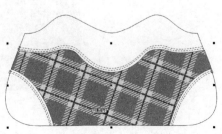

图 7-79

步骤12 重复步骤10~步骤11的操作，绘制包身部分的省道线和缉明线，得到的效果如图7-80所示。

步骤13 使用贝塞尔工具 和形状工具 ，绘制图7-81所示的包袋盖，在属性栏中设置轮廓宽度为 .35 mm 。

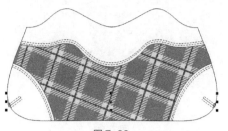

图7-80

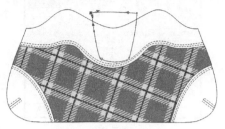

图7-81

步骤14 单击工具箱中的均匀填充工具 均匀填充 ，弹出"均匀填充"对话框，给图形填充颜色，选项及参数设置如图7-82所示。

步骤15 单击"确定"按钮，得到的效果如图7-83所示。

图7-82

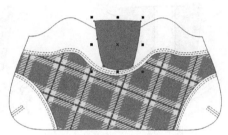

图7-83

步骤16 使用矩形工具 ，绘制一个长方形。在属性栏中设置矩形大小为 ，设置轮廓宽度为 .35 mm ，填充白色，得到的效果如图7-84所示。

步骤17 重复步骤10~步骤11的操作，绘制包袋盖上的3条缉明线，得到的效果如图7-85所示。

图7-84

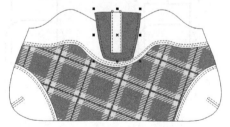

图7-85

步骤18 选择椭圆形工具 ，按住【Ctrl】键在图7-86所示的位置分别绘制6个圆形。

步骤19 单击工具箱中的渐变填充工具 渐变填充 ，在弹出的"渐变填充"对话框中选择"辐射""双色"渐变，如图7-87所示，给圆形填充"砖红色—白色"的渐变效果。轮廓线宽度设置为 .2mm ，完成的渐变效果如图7-88所示。

步骤20 使用选择工具 选中一个圆形，按【+】键复制图形。然后按住【Shift】键把圆形变成椭圆形，向上平移到图7-89所示的位置。

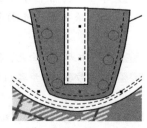

图7-86

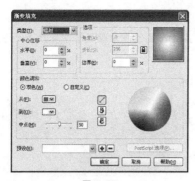

图 7-87

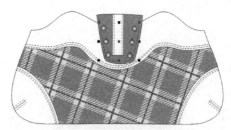

图 7-88

步骤21 按【+】键复制椭圆形，向右平移到图7-90所示的位置，这样就完成了包袋盖上的金属撞钉的绘制。

步骤22 使用工具箱中的矩形工具▢分别绘制两个矩形，在属性栏中设置矩形大小为 14.0 mm / 24.0 mm 和 18.0 mm / 22.0 mm，轮廓宽度设置为 .35 mm，效果如图7-91所示。

步骤23 绘制圆角矩形，在属性栏中设置圆角的数值分别为 .0 mm / 1.0 mm / .0 mm / 1.0 mm 和 5.0 mm / 1.3 mm / 5.0 mm / 1.3 mm。按住鼠标左键，从左侧标尺栏往右边拖动，添加辅助线，辅助线要对齐两个矩形的中心位置，如图7-92所示。

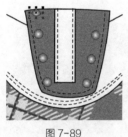

图 7-89

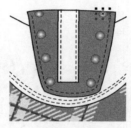

图 7-90

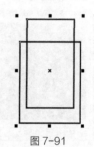

图 7-91

步骤24 使用选择工具▹挑选小矩形，执行菜单栏中的【排列】/【转换为曲线】命令，再使用形状工具▹，双击矩形与辅助线的交点，添加一个节点，效果如图7-93所示。

步骤25 使用形状工具▹选中图7-94所示的4个节点，按住【Ctrl】键往上平移，得到的效果如图7-95所示。

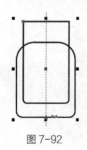

图 7-92

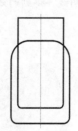

图 7-93

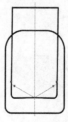

图 7-94

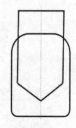

图 7-95

步骤26 单击工具箱中的均匀填充工具 █ 均匀填充，弹出"均匀填充"对话框，给矩形填充颜色，选项及参数设置如图7-96所示，单击"确定"按钮。

步骤27 给小矩形填充白色，得到的效果如图7-97所示。

步骤28 重复步骤10~步骤11的操作，绘制两条缉明线，得到的效果如图7-98所示。

步骤29 使用矩形工具▢再绘制一个矩形，在属性栏中设置矩形大小为 15.0 mm / 4.0 mm，轮廓宽度设置为 .35 mm，填充白色，得到的效果如图7-99所示。

图 7-96

步骤30 使用选择工具 选择一个绘制好的圆形金属撞钉，按【+】键复制图形后摆放到图7-100所示的位置。

图 7-97

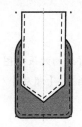
图 7-98

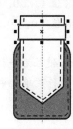
图 7-99

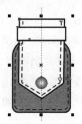
图 7-100

步骤31 按【Ctrl】+【G】组合键群组图形，把绘制好的包的扣袢摆放到图7-101所示的位置。

步骤32 按【+】键复制图形，按住【Ctrl】键往右平移图形，得到的效果如图7-102所示。

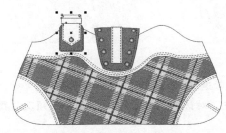
图 7-101

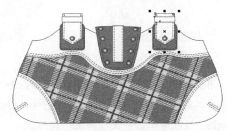
图 7-102

步骤33 选择椭圆形工具 ，按住【Ctrl】键绘制一个圆形，在属性栏中设置对象大小为 ，轮廓宽度为 ，如图7-103所示。

步骤34 按【+】键复制圆形，按住【Shift】键等比例缩小圆形，得到的效果如图7-104所示。

图 7-103

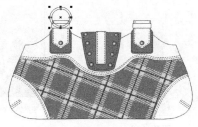
图 7-104

步骤35 使用选择工具 框选两个圆形，单击属性栏中的"合并"按钮 ，效果如图7-105所示。

步骤36 单击工具箱中的渐变填充工具 ，在弹出的"渐变填充"对话框中选择"线性""自定义"渐变，如图7-106所示，其中主要控制点的位置和颜色参数分别如下。

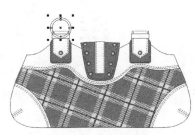
图 7-105

图 7-106

位置：0　　　　　　　　颜色：CMYK值（0，60，80，20）

位置：39　　　　　　　颜色：CMYK值（0，0，0，0）

位置：100　　　　　　颜色：CMYK值（0，40，60，20）

完成的渐变效果如图7-107所示。

步骤37 按【+】键复制图形，按住【Ctrl】键往右平移图形，得到的效果如图7-108所示。

步骤38 使用选择工具 框选两个圆环，执行菜单栏中的【排列】/【顺序】/【到页面后面】命令，把金属环放置到后部，得到的效果如图7-109所示。

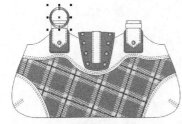

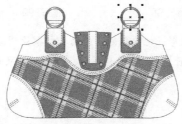
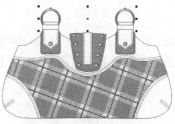

图7-107　　　　　　　　　　　　图7-108　　　　　　　　　　　　图7-109

步骤39 使用贝塞尔工具 和形状工具 绘制出图7-110所示的包带造型，在属性栏中设置轮廓宽度为 .35 mm 。

步骤40 单击工具箱中的均匀填充工具 均匀填充 ，弹出"均匀填充"对话框，给包带填充颜色，选项及参数设置如图7-111所示，单击"确定"按钮。

步骤41 执行菜单栏中的【排列】/【顺序】/【置于此对象后】命令，把包带放置到金属环的后部，得到的效果如图7-112所示。

图7-110　　　　　　　　　　　　图7-111　　　　　　　　　　　　图7-112

步骤42 使用贝塞尔工具 和形状工具 绘制图7-113所示的包带造型，在属性栏中设置轮廓宽度为 .35 mm ，填充白色。

步骤43 重复步骤10~步骤11的操作，绘制一条缉明线，得到的效果如图7-114所示。

步骤44 使用贝塞尔工具 绘制图7-115所示的扣袢的造型，在属性栏中设置轮廓宽度为 .35 mm ，填充白色。

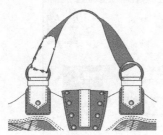
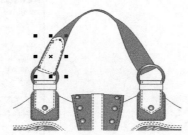
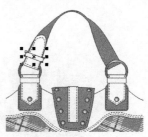

图7-113　　　　　　　　　　　　图7-114　　　　　　　　　　　　图7-115

步骤45 使用选择工具[🔲]选择一个绘制好的圆形金属撞钉，按【+】键复制图形后摆放到图7-116所示的位置。

步骤46 使用选择工具[🔲]框选图形，按【+】键复制图形。单击属性栏中的"水平镜像"按钮[🔳]，按住【Ctrl】键往右平移图形，得到的效果如图7-117所示。

步骤47 使用选择工具[🔲]框选所有图形，按【Ctrl】+【G】组合键群组图形。这样就完成了女式包袋的绘制，整体效果如图7-118所示。

图 7-116

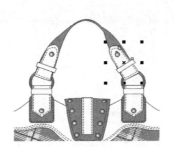

图 7-117

图 7-118

7.2 腰饰的设计

腰带的整体效果如图7-119所示。

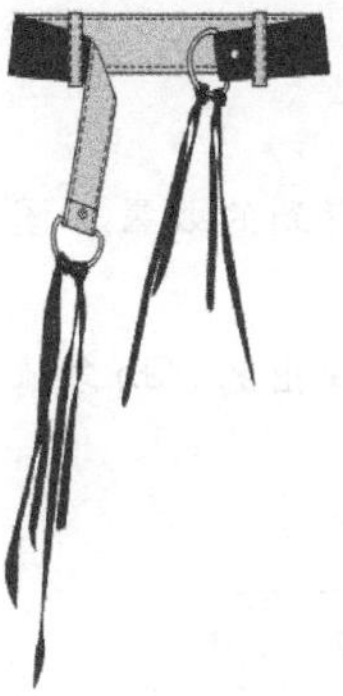

步骤1 打开CorelDRAW软件，执行菜单栏中的【文件】/【新建】命令，或使用【Ctrl】+【N】组合键，设定纸张大小为A4，横向摆放，如图7-120所示。

图 7-120

步骤2 单击工具箱中的矩形工具[🔲]，绘制一个矩形。在属性栏中设置对象大小，输入矩形大小为[55.0 mm / 8.0 mm]，如图7-121所示。

步骤3 选择矩形，单击工具箱中的均匀填充工具[■ 均匀填充]，在弹出的"均匀填充"对话框中将填色的CMYK数值设定为（2，17，32，0）。在属性栏中设定轮廓线的宽度为[.25 mm]，得到的效果如图7-122所示。

图 7-119

图 7-121

图 7-122

步骤4 选中矩形，执行菜单栏中的【排列】/【转换为曲线】命令。然后使用形状工具[🔲]，按住【Ctrl】键修改矩形下方的两个节点，分别往左、右两边平移，如图7-123所示。

图 7-123

步骤5 使用手绘工具[🔲]，按住【Ctrl】键绘制两条水平线。选中两条水平线，按【F12】键弹出"轮廓笔"对话框，选项及参数设置如图7-124所示，得到的效果如图7-125所示。

图 7-124

步骤6 使用矩形工具[🔲]，在刚完成的图形上绘制两个矩形。在属性栏中设定矩形大小分别为[13.0 mm / 8.0 mm]和[19.0 mm / 8.0 mm]，设定轮廓线的宽度为 ⌀ .25 mm ▾，如图7-126所示。

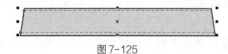

图7-125

图7-126

步骤7 使用选择工具⬚框选两个矩形，执行菜单栏中的【排列】/【转换为曲线命令】命令，如图7-127所示。

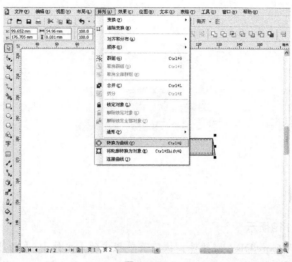

图7-127

步骤8 使用选择工具⬚双击矩形，把旋转中心点移至矩形的左上角，并对矩形进行旋转，得到的效果如图7-128所示。

步骤9 选择形状工具⬚，对矩形进行形状修改，单击工具箱中的均匀填充工具 ■均匀填充，在弹出的"均匀填充"对话框中将颜色的CMYK数值设定为（51，67，87，5），如图7-129所示。

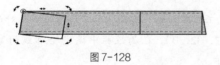

图7-128

图7-129

步骤10 使用手绘工具⬚和形状工具⬚画出腰带的两条缉明线，按【F12】键弹出"轮廓笔"对话框，选项及参数设置如图7-130所示，得到的效果如图7-131所示。

步骤11 重复步骤8~步骤10的操作，修改右边矩形的形状，并绘制缉明线，得到的效果如图7-132所示。

图7-130

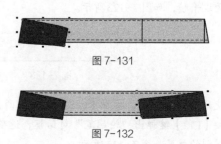

图7-131

图7-132

步骤12 使用矩形工具⬚和手绘工具⬚绘制两个腰带袢和缉明线，颜色的CMYK数值设定为（2，17，32，0），效果如图7-133所示。

步骤13 使用贝塞尔工具 和形状工具 绘制出图7-134所示的腰带造型，轮廓宽度设置为 .25mm 。

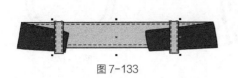

图 7-133

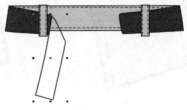

图 7-134

步骤14 单击工具箱中的均匀填充工具 均匀填充 ，在弹出的"均匀填充"对话框中将颜色的CMYK数值设定为（2，17，32，0）。使用手绘工具 绘制绛明线，得到的效果如图7-135所示。

步骤15 选择椭圆形工具 ，设置圆形大小为 1.5mm 1.5mm ，单击工具箱中的渐变填充工具 渐变填充 ，在弹出的"渐变填充"对话框中选择"正方形""双色"渐变，如图7-136所示。单击"渐变填充"对话框中的"更多"按钮，弹出"选择颜色"对话框，设置颜色的CMYK数值为（2，17，32，0），单击"确定"按钮，如图7-137所示。

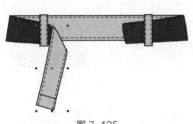

图 7-135

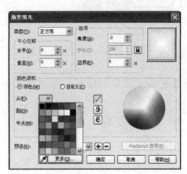

图 7-136

步骤16 单击"渐变填充"对话框中的"确定"按钮，得到的效果如图7-138所示。

图 7-137

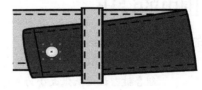

图 7-138

步骤17 选择椭圆形工具 ，设置圆形大小为 1.5mm 1.5mm 。选中圆形，按【+】键复制圆形，按住【Shift】键，从外向内等比例缩小，得到第2个圆形，如图7-139所示。

步骤18 使用选择工具 框选两个圆形，单击属性拦中的"合并"按钮 结合图形，然后填充白色，如图7-140所示。

步骤19 使用贝塞尔工具 和形状工具 绘制出图7-141、图7-142所示的腰带环扣的造型，填充灰色（0，0，0，10），如图7-143所示。

步骤20 使用贝塞尔工具 和形状工具 绘制出图7-144、图7-145所示的腰带流苏的造型。填充咖啡色（51，

67，87，5），如图7-146所示。

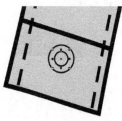

图 7-139

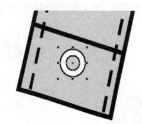

图 7-140

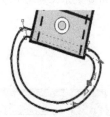

图 7-141

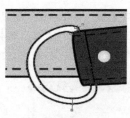

图 7-142

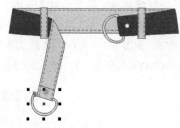

图 7-143

图 7-144

步骤21 这样就完成了腰带的绘制，整体效果如图7-147所示。

图 7-145

图 7-146

图 7-147

7.3 围巾的设计

围巾的整体效果如图7-148所示。

步骤1 打开CorelDRAW软件，执行菜单栏中的【文件】/【新建】命令，或使用【Ctrl】+【N】组合键，设定纸张大小为A4，横向摆放，如图7-149所示。

图 7-149

图 7-148

步骤2 选择矩形工具口，设置矩形大小为 25.0 mm / 92.0 mm ，绘制圆角矩形，圆角数值的设定如图7-150所示。

| 1.8 mm | 1.8 mm |
| 15.0 mm | 15.0 mm |

图 7-150

步骤3 选中矩形，执行菜单栏中的【排列】/【转换为曲线】命令，如图7-151所示。使用形状工具，选中圆角矩形下方的两个节点，按住【Ctrl】往上平移，如图7-152所示。

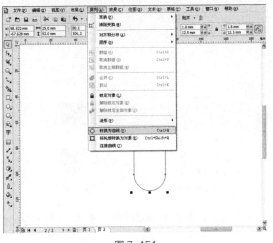

图 7-151

步骤4 选择圆角矩形，单击工具箱中的均匀填充工具 ■ 均匀填充 ，在弹出的"均匀填充"对话框中将颜色设定 CMYK值为（60，40，0，40），如图7-153所示。

步骤5 单击"确定"按钮后，得到的效果如图7-154所示。

图 7-152

图 7-153

图 7-154

步骤6 使用贝塞尔工具 和形状工具 绘制图7-155所示的闭合路径。

步骤7 选中此闭合路径，按【＋】键复制图形，单击属性栏中的"水平镜像"按钮 ，按住【Ctrl】键向右平移图形，得到的效果如图7-156所示。

步骤8 使用选择工具 框选图形，单击属性栏中的"合并"按钮 焊接图形，得到的效果如图7-157所示。

图 7-155

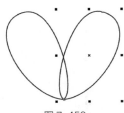

图 7-156

图 7-157

步骤9 按【＋】键复制图形，然后按住【Ctrl】键向下平移，如图7-158所示。

步骤10 反复按【Ctrl】＋【D】组合键，重复上一步操作，复制5次，得到的效果如图7-159所示。

步骤11 分别给刚绘制好的图形填充青色 ■ ，CMYK值为（100，0，0，0）和白色，如图7-160所示。

步骤12 使用选择工具 框选图形，按【Ctrl】＋【G】组合键群组图形。执行菜单栏中的【效果】/【图框精确剪裁】/【置于图文框内部】命令，把图形放置在最初画好的圆角矩形中，得到的效果如图7-161所示。

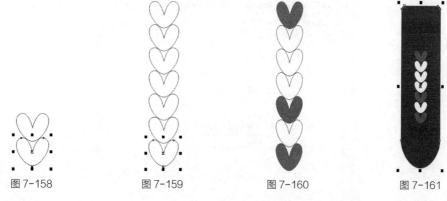

| 图 7-158 | 图 7-159 | 图 7-160 | 图 7-161 |

步骤13 选中图形单击鼠标右键，弹出菜单，如图7-162所示。单击"编辑PowerClip"命令，得到的效果如图7-163所示。

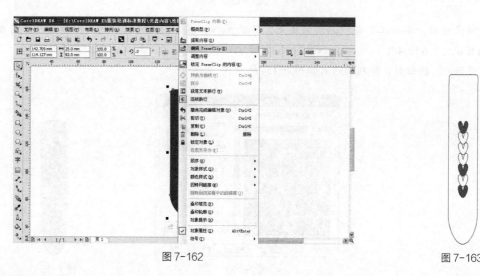

图 7-162   图 7-163

步骤14 选中图形，按住【Shift】键进行等比例缩小，然后把图形放在适当的位置，如图7-164所示。

步骤15 重复步骤9~步骤10的操作，复制7个图形，如图7-165所示。

步骤16 重复上一步操作，反复复制图形，把圆角矩形填满，得到的效果如图7-166所示。

| 图 7-164 | 图 7-165 | 图 7-166 |

步骤17 使用选择工具 框选图形，鼠标右键单击调色板中的 ，使其无轮廓线，得到的效果如图7-167所示。

步骤18 执行菜单栏中的【效果】/【图框精确剪裁】/【结束编辑】命令，得到的效果如图7-168所示。

步骤19 按【+】键复制图形，单击调色板中的 将图形填充为黑色，然后执行菜单栏中的【排列】/【顺序】/

【向后一层】命令，按住【Ctrl】键向右平移图形，得到的效果如图7-169所示。

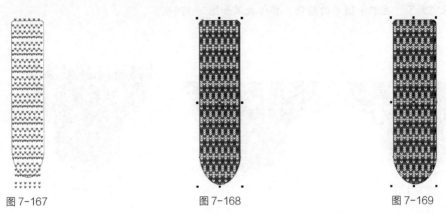

图 7-167　　　　　　　　　　图 7-168　　　　　　　　　　图 7-169

步骤20　选择椭圆形工具，按住【Ctrl】键绘制一个圆形，执行菜单栏中的【排列】/【转换为曲线】命令，
　　　　如图7-170所示。

步骤21　选择粗糙笔刷工具，属性栏中的数值设置如图7-171所示，对圆形进行外轮廓修改，得到的效果如
　　　　图7-172所示。

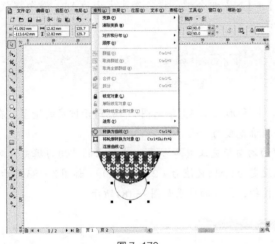

图 7-170

图 7-171

图 7-172

步骤22　选中图形，单击调色板中的青色，将图形填充为青色，
　　　　使其无边框，如图7-173所示。

步骤23　按【+】键复制图形，将图形填充为海军蓝色，CMYK
　　　　值为（60，40，0，40）。按住【Shift】键等比例缩小图形，
　　　　得到的效果如图7-174所示。

步骤24　单击调和工具，在小圆中心位置按下鼠标不放往外拖
　　　　动鼠标至大圆的外轮廓，执行调和效果后，在属性栏中
　　　　调整调和的步数，数值的设定如图7-175所示。得到的效果如图7-176所示。

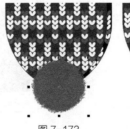

图 7-173　　　　图 7-174

图 7-175

步骤25　按【Ctrl】+【G】组合键群组图形。使用手绘工具和形状工具绘制线条，如图7-177所示。

步骤26　选中圆形，按【+】键进行复制，单击调色板中的将图形填充为黑色，然后执行菜单栏中的【排列】/

【顺序】/【到页面后面】命令，按住【Ctrl】键向右平移图形，得到的效果如图7-178所示。

步骤27 这样就完成了（毛织）围巾的绘制，整体效果如图7-179所示。

图7-176

图7-177

图7-178

图7-179

7.4 披肩的设计

披肩的整体效果如图7-180所示。

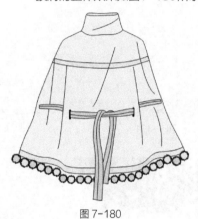

图7-180

步骤1 打开CorelDRAW软件，执行菜单栏中的【文件】/【新建】命令，或使用【Ctrl】+【N】组合键，设定纸张大小为A4，横向摆放，如图7-181所示。

图7-181

步骤2 使用贝塞尔工具 和形状工具 绘制图7-182所示披肩的造型，在属性栏中设置轮廓宽度为 .35 mm 。

步骤3 单击工具箱中的均匀填充工具 均匀填充 ，在弹出的"均匀填充"对话框中将颜色设定为CMYK值为（2，4，15，0），如图7-183所示。

步骤4 单击"确定"按钮，得到的效果如图7-184所示。

图7-182

图7-183

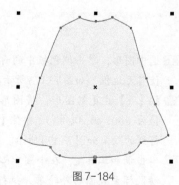

图7-184

步骤5 使用贝塞尔工具 和形状工具 绘制图7-185所示的立领造型，在属性栏中设置轮廓宽度为 .35 mm 。

步骤6 使用贝塞尔工具 和形状工具 绘制后领口的造型，在属性栏中设置轮廓宽度为 .35 mm ，执行菜单栏中的【排列】/【顺序】/【到页面后面】的命令，得到的效果如图7-186所示。

步骤7 使用选择工具 框选立领造型，单击工具箱中的均匀填充工具 均匀填充 ，在弹出的"均匀填充"对话框中将颜色设定为CMYK（2，4，15，0），单击"确定"按钮，得到的效果如图7-187所示。

步骤8 使用贝塞尔工具 和形状工具 绘制图7-188所示的织带，在属性栏中设置轮廓宽度为 .2 mm 。

图 7-185

图 7-186

图 7-187

步骤9 使用贝塞尔工具 ✎ 和形状工具 ✎ 绘制图 7-189 所示的织带，在属性栏中设置轮廓宽度为 △ .2 mm ✓ 。

步骤10 使用选择工具 ▣ 框选两条织带，单击工具箱中的均匀填充工具 ▣ 均匀填充 ，在弹出的"均匀填充"对话框中将颜色设定 CMYK 值为（0，0，100，0），单击"确定"按钮，得到的效果如图 7-190 所示。

图 7-188

图 7-189

图 7-190

步骤11 使用贝塞尔工具 ✎ 和形状工具 ✎ 在衣领和衣身上绘制图 7-191 所示的 7 条褶裥线。

步骤12 选择矩形工具 □，设置矩形大小为 ▥ 1.5 mm / ▤ 9.0 mm ，绘制圆角矩形，圆角数值的设定如图 7-192 所示。

步骤13 选择圆角矩形，单击调色板中的 ■ 给图形填充黑色，得到的效果如图 7-193 所示。

步骤14 按【+】键复制图形，把复制的图形向右移动至图 7-194 所示的位置。

图 7-191

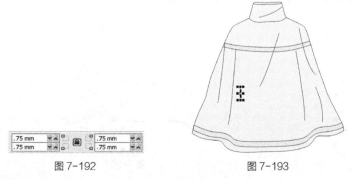

图 7-192

图 7-193

图 7-194

步骤15 使用贝塞尔工具 ✎ 和形状工具 ✎ 绘制图 7-195 所示的腰带，在属性栏中设置轮廓宽度为 △ .2 mm ✓ 。

步骤16 使用选择工具 ▣ 框选腰带，单击工具箱中的均匀填充工具 ▣ 均匀填充 ，在弹出的"均匀填充"对话框中将颜色设定CMYK值为（20，0，60，0），单击"确定"按钮，得到的效果如图7-196所示。

步骤17 使用贝塞尔工具 和形状工具 在腰带上绘制图7-197所示的5条褶裥线，在属性栏中设置轮廓宽度为 .2mm 。

图 7-195

图 7-196

图 7-197

步骤18 选择椭圆形工具 ，按住【Ctrl】键绘制一个圆形，执行菜单栏中的【排列】/【转换为曲线】命令，如图7-198所示。

步骤19 选择粗糙笔刷工具 ，属性栏中的数值设置如图7-199所示，对圆形进行外轮廓修改，得到的效果如图7-200所示。

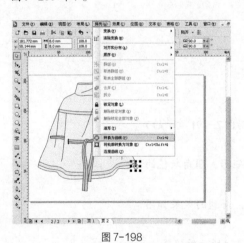

图 7-198

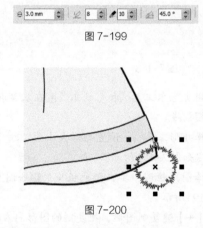

图 7-199

图 7-200

步骤20 单击工具箱中的均匀填充工具 均匀填充 ，在弹出的"均匀填充"对话框中将颜色设定CMYK值为（0，0，100，0），单击"确定"按钮，得到的效果如图7-201所示。

步骤21 按【+】键复制图形，把复制的图形向左移动至图7-202所示的位置。

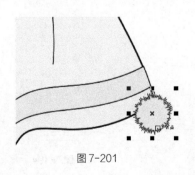

图 7-201

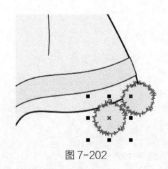

图 7-202

步骤22 单击工具箱中的均匀填充工具 均匀填充 ，在弹出的"均匀填充"对话框中将颜色设定CMYK值为（20，0，60，0），单击"确定"按钮，得到的效果如图7-203所示。

步骤23 使用选择工具框选两个圆形，按【Ctrl】+【G】组合键群组图形。使用贝塞尔工具和形状工具在下摆处绘制一条路径，如图7-204所示。

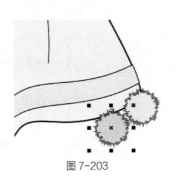

图7-203

图7-204

步骤24 使用选择工具框选两个圆形，按【+】键复制图形，把复制的图形向左移动，在属性栏中设置旋转角度为 300.8 ，得到的效果如图7-205所示。

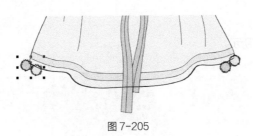

图7-205

步骤25 选择调和工具，单击右边的图形往左拖动鼠标至左边图形执行调和效果，如图7-206所示。

步骤26 在属性栏中设置调和的步数为 9 ，得到的效果如图7-207所示。

步骤27 单击属性栏中的"路径属性"按钮，选择"新路径"选项，如图7-208所示。

步骤28 单击之前绘制的路径，使图形沿路径调和，得到的效果如图7-209所示。

图7-206

图7-207

图7-208

图7-209

步骤29 执行菜单栏中的【排列】/【顺序】/【置于此对象后】命令，把图形置于腰带后面，得到的效果如图7-210所示。

步骤30 执行菜单栏中的【排列】/【拆分路径群组上的混合】命令，使用选择工具挑选路径，按【Delete】

键删除，得到的效果如图7-211所示。

步骤31 使用挑选工具 框选所有图形，按【Ctrl】+【G】组合键群组图形。这样就完成了披肩的绘制，整体效果如图7-212所示。

图7-210　　　　　　　　图7-211　　　　　　　　图7-212

7.5　帽子的设计

帽子的整体效果如图7-213所示。

图7-213

步骤1 打开CorelDRAW软件，执行菜单栏中的【文件】/【新建】命令，或使用【Ctrl】+【N】组合键，设定纸张大小为A4，横向摆放，如图7-214所示。

图7-214

步骤2 使用贝塞尔工具 和形状工具 绘制图7-215所示帽檐的造型，在属性栏中设置轮廓宽度为 .35 mm 。

步骤3 单击工具箱中的渐变填充工具 渐变填充 ，在弹出的"渐变填充"对话框中选择"线性""双色"渐变，如图7-216所示，将颜色设定为橄榄色，CMYK值为（0，0，40，40）和白色，完成的渐变效果如图7-217所示。

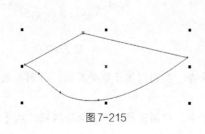

图7-215

图7-216

步骤4 使用贝塞尔工具◣和形状工具◥绘制图7-218所示帽身的造型，在属性栏中设置轮廓宽度为 ⌂.35mm ▾。

图7-217

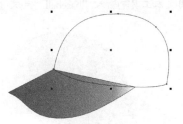

图7-218

步骤5 重复步骤3的操作，给帽身填充渐变效果，如图7-219所示。

步骤6 使用贝塞尔工具◣和形状工具◥在帽身上绘制图7-220所示的3条分割线，在属性栏中设置轮廓宽度为 ⌂.35mm ▾。

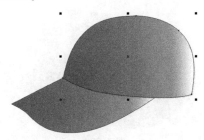

图7-219

图7-220

步骤7 使用工具箱中的贝塞尔工具◣和形状工具◥，在图7-221所示的位置绘制7条缉明线，使缉明线处于选择状态，按【F12】键弹出"轮廓笔"对话框，选项及参数设置如图7-222所示。

图7-221

图7-222

步骤8 单击"确定"按钮，得到的效果如图7-223所示。

步骤9 重复步骤7~步骤8的操作，绘制帽檐上的4条缉明线，如图7-224所示。

图7-223

图7-224

步骤10 使用椭圆形工具◯绘制帽顶的扣子，在属性栏中设置轮廓宽度为 ⌂.35mm ▾，单击调色板中的橄榄色▢，

CMYK值为（0，0，40，40），如图7-225所示。

步骤11 使用文本工具A输入"baseball"英文字母，如图7-226所示。

图7-225

图7-226

步骤12 在属性栏中设置字体及大小，参数如图7-227所示，得到的效果如图7-228所示。

图7-227

图7-228

步骤13 单击调色板中的淡黄色▢，CMYK值为（0，0，20，0），给英文字母填充颜色，如图7-229所示。

步骤14 按【F12】键弹出"轮廓笔"对话框，各项参数设置如图7-230所示。

图7-229

图7-230

步骤15 单击"确定"按钮，得到的效果如图7-231所示。

步骤16 执行菜单栏中的【效果】/【添加透视】命令，得到的效果如图7-232所示。

图7-231

图7-232

步骤17 使用形状工具🔧拖动文字左上角节点往上平移,如图7-233所示。

步骤18 使用形状工具🔧拖动文字右上角节点往下平移,如图7-234所示。

图7-233

图7-234

步骤19 完成文字的透视效果,如图7-235所示。

步骤20 使用选择工具🔧选择文字,向左平移一定的位置,在属性栏中设置旋转角度为 352.4 °,得到的效果如图7-236所示。

图7-235

图7-236

步骤21 使用选择工具🔧全选所有图形,按【Ctrl】+【G】组合键群组图形。按【+】键复制图形,然后执行菜单栏中的【排列】/【顺序】/【向后一层】命令,鼠标左键单击调色板中的黑色■,按住【Ctrl】键往右拖动图形,得到帽子的投影效果,如图7-237所示。

步骤22 使用选择工具🔧全选所有图形,按【Ctrl】+【G】组合键群组图形。这样就完成了帽子的绘制,整体效果如图7-238所示。

图7-237

图7-238

7.6 鞋子的设计

▶▶ 7.6.1 凉鞋的设计

凉鞋的整体效果如图7-239所示。

步骤1 打开CorelDRAW软件,执行菜单栏中的【文件】/【新建】命令,或使用【Ctrl】+【N】组合键,设定纸张大小为A4,横向摆放,如图7-240所示。

图 7-239

图 7-240

步骤2 使用贝塞尔工具 和形状工具 ，画出鞋跟与鞋底造型，如图 7-241 所示。要注意的是必须是由4个闭合路径组成，这样便于填色处理。

步骤3 使用选择工具 框选图形，单击工具箱中的均匀填充工具 ，在弹出的"均匀填充"对话框中将颜色设定为（PANTONE 154C），如图 7-242 所示。

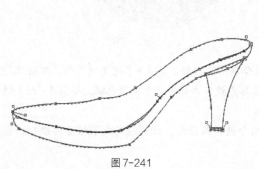

图 7-241

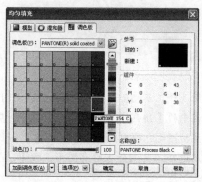

图 7-242

步骤4 单击"确定"按钮后，得到的效果如图 7-243 所示。

步骤5 按【F12】键弹出"轮廓笔"对话框，选项及参数设置如图 7-244 所示。

图 7-243

图 7-244

步骤6 使用贝塞尔工具 和形状工具 ，绘制图 7-245 所示的闭合路径。

步骤7 选择图形，单击工具箱中的均匀填充工具 ，在弹出的"均匀填充"对话框中将颜色设定CMYK值为（39，4，77，0），如图 7-246 所示。

图 7-245

图 7-246

步骤8 单击"确定"按钮，鼠标右键单击调色板中的黄色█，将轮廓线填充为黄色，在属性栏中设定轮廓线的宽度为 █ 0.7mm █，得到的效果如图7-247所示。

步骤9 使用贝塞尔工具█和形状工具█，绘制图7-248所示的闭合路径。

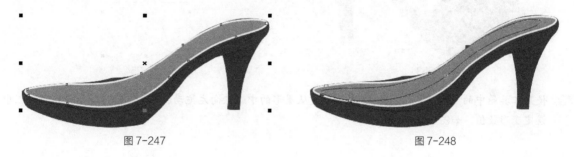

图 7-247

图 7-248

步骤10 选择图形，单击工具箱中的均匀填充工具 █ 均匀填充，在弹出"均匀填充"对话框中将颜色设定为（PANTONE 2985C），如图7-249所示。

步骤11 单击"确定"按钮，鼠标右键单击调色板中的█，使其无轮廓线，得到的效果如图7-250所示。

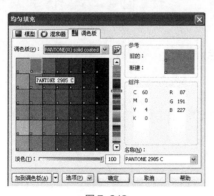

图 7-249

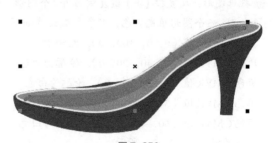

图 7-250

步骤12 使用贝塞尔工具█和形状工具█，绘制图7-251所示的鞋面造型。

步骤13 使用挑选工具█框选图形，单击工具箱中的均匀填充工具 █ 均匀填充，在弹出"均匀填充"对话框中将颜色设定CMYK值为（97，96，45，18），如图7-252所示。

步骤14 单击"确定"按钮，鼠标右键单击调色板中的█，使其无轮廓线，得到的效果如图7-253。

步骤15 单击工具箱中的星形工具█，按住【Ctrl】键绘制一个正五角星形，在属性栏中设置星形大小为 █9.0mm █9.0mm，如图7-254所示。

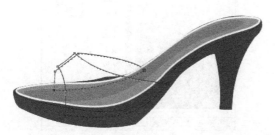

图 7-251

图 7-252

图 7-253

图 7-254

步骤16 使用工具箱中的变形工具⊡，按住【Ctrl】键从星形的中心点向左拖动，如图7-255所示，在属性栏中设定变形数值，如图7-256所示。

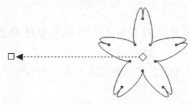

图 7-255

图 7-256

步骤17 挑选图形，反复按【+】键复制另外4个图形，如图7-257所示。

步骤18 分别给5个图形填充颜色，颜色参数设置如下。

填色CMYK值（0，0，100，0），无轮廓。

填色CMYK值（0，40，20，0），轮廓为白色。

填色CMYK值（2，2，10，0），轮廓为白色。

填色CMYK值（34，1，14，0），轮廓为白色。

填色CMYK值（60，40，0，0），轮廓为白色。

完成的效果如图7-258所示。

图 7-257

图 7-258

步骤19 使用选择工具▣框选图形，按【Ctrl】+【G】组合键群组图形。执行菜单栏中的【效果】/【图框精确剪裁】/【置于图文框内部】命令，如图7-259所示，把图形放置到鞋面中。得到的效果如图7-260所示。

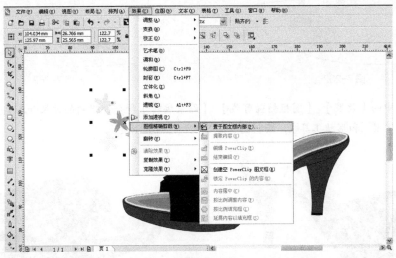

图 7-259

图 7-260

步骤20 选中图形单击鼠标右键，弹出菜单，如图7-261所示。单击"编辑PowerClip"命令，得到的效果如图7-262所示。

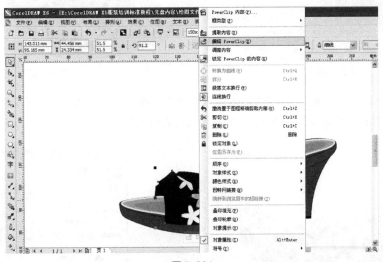

图 7-261

步骤21 选中图形，按住【Shift】键等比例缩小图形，反复按【+】键复制多个图形，把鞋面填满，如图7-263所示。

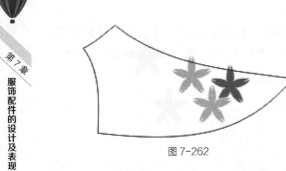

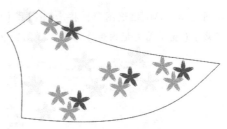

图 7-262　　　　　　　　　　　　　　图 7-263

步骤 22 执行菜单栏中的【效果】/【图框精确剪裁】/【结束编辑】命令，得到的效果如图 7-264 所示。

步骤 23 使用贝塞尔工具 和形状工具 ，绘制图 7-265 所示鞋面的滚边。

图 7-264　　　　　　　　　　　　　　图 7-265

步骤 24 单击工具箱中的均匀填充工具 均匀填充 ，在弹出的"均匀填充"对话框中将颜色设定为（PANTONE 2985C），如图 7-266 所示。

步骤 25 单击"确定"按钮，得到的效果如图 7-267 所示。

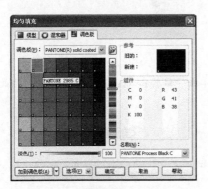

图 7-266　　　　　　　　　　　　　　图 7-267

步骤 26 单击工具箱中的手绘工具 ，如图 7-268 所示在鞋面上绘制两条缉明线，使缉明线处于被选择状态，按【F12】键弹出"轮廓笔"对话框，选项及参数设置如图 7-269 所示。

图 7-268　　　　　　　　　　　　　　图 7-269

步骤27 单击"确定"按钮，得到的效果如图7-270所示。

步骤28 使用贝塞尔工具 和形状工具 ，绘制图7-271所示的闭合路径。

图 7-270

图 7-271

步骤29 重复步骤7~步骤8的操作，得到的效果如图7-272所示。

步骤30 选择椭圆形工具 ，按住【Ctrl】键绘制一个圆形，在属性栏中设置大小为 ，单击调色板中的 填充10%黑色，如图7-273所示。

图 7-272

图 7-273

步骤31 按【+】键复制圆形，然后按住【Shift】键等比例缩小图形。单击工具箱中的渐变填充工具 ，弹出"渐变填充"对话框，选择"辐射""双色"渐变，选项及参数设置如图7-274所示。

步骤32 单击"确定"按钮，得到的效果如图7-275所示。

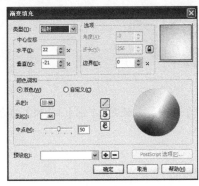

图 7-274

图 7-275

步骤33 使用选择工具 框选两个圆形，按【Ctrl】+【G】组合键群组图形，铆钉的效果就画好了。然后反复按【+】键复制另外4个铆钉，如图7-276所示。

步骤34 使用选择工具 框选所有图形，按【Ctrl】+【G】组合键群组图形。然后按【+】键复制图形，单击属性栏中的"水平镜像"按钮 ，得到的效果如图7-277所示。

步骤35 按住【Ctrl】键往上平移图形，再按住【Shift】键等比例缩小图形，要注意两只鞋摆放的前后透视关系，如图7-278所示。

步骤36 这样就完成了女式凉鞋的绘制，整体效果如图7-279所示。

图 7-276

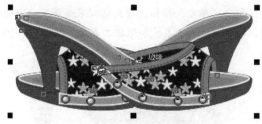

图 7-277

图 7-278

图 7-279

7.6.2　运动鞋的设计

运动鞋的整体效果如图7-280所示。

图 7-280

步骤1　打开CorelDRAW软件，执行菜单栏中的【文件】/【新建】命令，或使用【Ctrl】+【N】组合键，设定纸张大小为A4，横向摆放，如图7-281所示。

图 7-281

步骤2　使用贝塞尔工具和形状工具，画出鞋底造型，如图7-282所示。

图 7-282

步骤3　使用贝塞尔工具和形状工具，画出鞋面造型，如图7-283所示。要注意的是必须是由3个闭合路径组

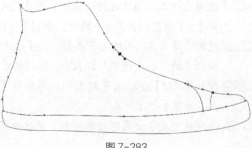

图 7-283

成，这样便于填色处理。

步骤4 使用选择工具 选择鞋底，单击工具箱中的均匀填充工具 ■ 均匀填充，给鞋底填充青色，CMYK值为（100，0，0，0）。在属性栏中设置轮廓宽度为 ◊ 1.2 mm ，得到的效果如图7-284所示。

步骤5 使用选择工具 选择鞋面，单击工具箱中的均匀填充工具 ■ 均匀填充，分别给鞋面填充白色和黄色CMYK值为（0，0，100，0），在属性栏中设置轮廓宽度为 ◊ 1.2 mm ，得到的效果如图7-285所示。

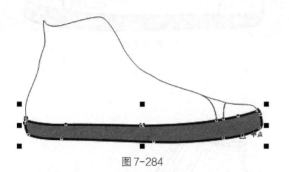

图 7-284

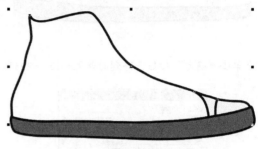

图 7-285

步骤6 使用贝塞尔工具 和形状工具 ，画出鞋里和鞋檐造型，如图7-286所示。要注意的是必须是由3个闭合路径组成，这样便于填色处理。

步骤7 使用选择工具 选择鞋里和鞋檐造型，单击工具箱中的均匀填充工具 ■ 均匀填充，填充黄色，CMYK值为（0，0，100，0）。在属性栏中设置轮廓宽度为 ◊ 1.2 mm ，得到的效果如图7-287所示。

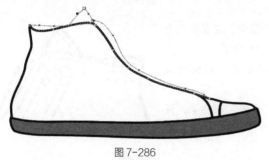

图 7-286

图 7-287

步骤8 使用工具箱中的贝塞尔工具 和形状工具 ，在图7-288所示的位置绘制10条缉明线，使缉明线处于选择状态，按【F12】键弹出"轮廓笔"对话框，选项及参数设置如图7-289所示。

图 7-288

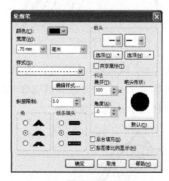

图 7-289

步骤9 单击"确定"按钮，得到的效果如图7-290所示。

步骤10 使用工具箱中的贝塞尔工具 和形状工具 ，在图7-291所示的鞋底位置绘制3条缉明线，使缉明线处于选择状态，按【F12】键弹出"轮廓笔"对话框，选项及参数设置如图7-292所示。

图 7-290

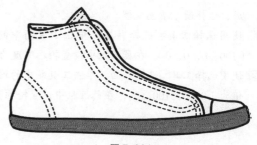

图 7-291

步骤11 单击"确定"按钮,得到的效果如图 7-293 所示。

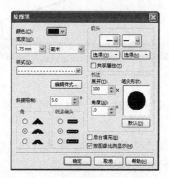

图 7-292

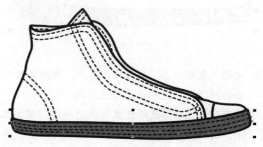

图 7-293

步骤12 选择椭圆形工具 ◯,按住【Ctrl】键在鞋面上绘制一个圆形,在属性栏中设置对象大小为 [5.0 mm / 5.0 mm],轮廓宽度为 [.75 mm],如图 7-294 所示。

步骤13 按【+】键,复制图形,按住【Shift】键等比例缩小圆形,得到的效果如图 7-295 所示。

步骤14 使用选择工具 ▷ 框选两个圆形,单击属性栏中的"合并"按钮 ◘,得到的效果如图 7-296 所示。

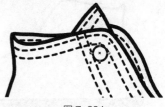

图 7-294

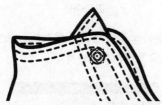

图 7-295

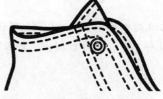

图 7-296

步骤15 反复按【+】键复制6个图形,使用选择工具 ▷ 把复制的图形移动到图 7-297 所示的位置。

步骤16 使用贝塞尔工具 ✎ 和形状工具 ⬧ 绘制鞋带造型,如图 7-298 所示。要注意的是必须是由7个闭合路径组成,这样便于填色处理。

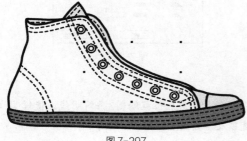

图 7-297

图 7-298

步骤17 使用选择工具 框选鞋带，单击调色板中的红色■，CMYK值为（0，100，100，0），给鞋带填充颜色，在属性栏中设置轮廓宽度为 ⌀ 1.2 mm ，得到的效果如图7-299所示。

步骤18 使用选择工具 框选所有图形，按【+】键复制并把复制的图形移动到图7-300所示的位置。

图 7-299

图 7-300

步骤19 使用选择工具 选择鞋底，单击调色板中的红色■，CMYK值为（0，100，100，0），给鞋底填充颜色，得到的效果如图7-301所示。

步骤20 使用选择工具 选择鞋带，单击调色板中的黄色□，CMYK值为（0，0，100，0），给鞋带填充颜色，得到的效果如图7-302所示。

图 7-301

图 7-302

步骤21 使用选择工具 选择鞋面、鞋里和鞋檐，单击调色板中的青色□，CMYK值为（100，0，0，0），填充颜色，得到的效果如图7-303所示。

步骤22 使用选择工具 框选所有图形，按【Ctrl】+【G】组合键群组图形。这样就完成了运动鞋的绘制，整体效果如图7-304所示。

图 7-303

图 7-304

7.7 首饰的设计

水晶项链的整体效果如图7-305所示。

步骤1 打开CorelDRAW软件，执行菜单栏中的【文件】/【新建】命令，或使用【Ctrl】+【N】组合键，设

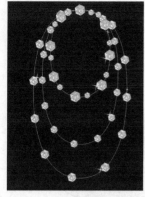

图 7-305

定纸张大小为A4，横向摆放，如图7-306所示。

图 7-306

步骤2 选择工具箱中的矩形工具囗绘制一个矩形，在属性栏中设置矩形大小为 囗90.0 mm 囗120.0 mm。单击调色板中的■给矩形填充黑色，得到的效果如图7-307所示。

步骤3 单击工具箱中的多边形工具囗，按住【Ctrl】键绘制一个正六边形，在属性栏中设置旋转角度为 ○15.0 ，得到的效果如图7-308所示。

步骤4 单击工具箱中的均匀填充工具 ■ 均匀填充，在弹出的"均匀填充"对话框中将颜色设定为RGB（88，90，101），如图7-309所示。

图 7-307

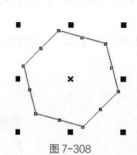

图 7-308

图 7-309

步骤5 单击"确定"按钮，得到的效果如图7-310所示。

步骤6 使用贝塞尔工具，在六边形上绘制6个不规则图形。选择工具箱中的均匀填充工具 ■ 均匀填充，在弹出的"均匀填充"对话框中将颜色设定为RGB（206，214，221），单击"确定"按钮，得到的效果如图7-311所示。

步骤7 重复上一步操作，分别绘制填充水晶石的各个切割面，填充的RGB值分别为（186，202，229）、（214、229、242）和白色，如图7-312所示。

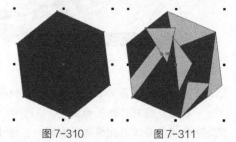

图 7-310   图 7-311

步骤8 框选图形，鼠标右键单击调色板中的⊠，使其无轮廓线，得到的效果如图7-313所示。

步骤9 单击工具箱中的多边形工具囗，按住【Ctrl】键绘制一个菱形，如图7-314所示。

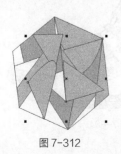

图 7-312

图 7-313

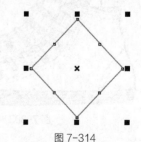

图 7-314

步骤10 使用形状工具，按住【Ctrl】键修改菱形节点，得到的效果如图7-315所示。

步骤11 选中图形，按【+】键复制，再按住【Shift】键等比例放大图形，如图7-316所示。

步骤12 执行菜单栏中的【排列】/【顺序】/【向后一层】命令。分别给两个图形填充白色和10%的黑色，无轮廓线，得到的效果如图7-317所示。

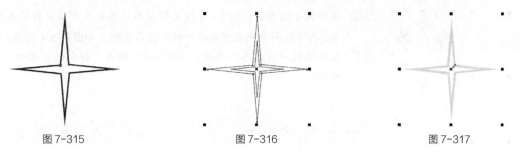

图7-315　　　　　　　　图7-316　　　　　　　　图7-317

步骤13 选择大的图形，单击工具箱中的透明度工具，在属性栏中设置各项参数，如图7-318所示。得到的效果如图7-319所示。

图7-318

步骤14 按【Ctrl】+【G】组合键群组图形。然后把图形放置在刚绘制好的水晶石上，在属性栏中设置图形旋转角度为，得到的效果如图7-320所示。

步骤15 按【+】键复制图形，再按【Shift】键等比例缩小图形，并把复制的图形平移至适当的位置，如图7-321所示。

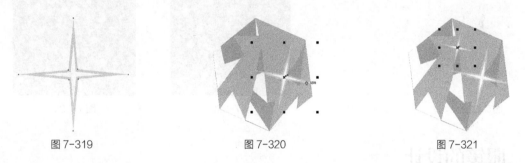

图7-319　　　　　　　　图7-320　　　　　　　　图7-321

步骤16 框选图形，然后按【Ctrl】+【G】组合键群组图形。选择工具箱中的艺术笔工具，在属性栏中单击"添加到喷涂列表"按钮，把图形定义为艺术笔触，如图7-322所示。

图7-322

步骤17 使用椭圆形工具绘制3个椭圆，如图7-323所示。

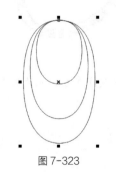

图7-323

图7-324

步骤18 按【F12】键弹出"轮廓笔"对话框，各项参数设置如图7-324所示，单击"确定"按钮，得到的效果如图7-325所示。

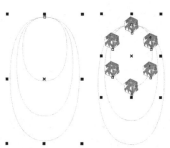

步骤19 选择最小的椭圆，按【+】键复制图形。单击工具箱中的艺术笔工具 ，在喷涂列表中选中刚添加的水晶石笔触，如图7-326所示。

步骤20 在属性栏中设置各项参数，如图7-327所示，得到的效果如图7-328所示。

图 7-325　　　图 7-326　　　　　　　　　　　图 7-327

步骤21 重复步骤19~步骤20的操作，绘制水晶项链，得到的效果如图7-329所示。

步骤22 按【Ctrl】+【G】组合键群组图形，把图形放置在黑色的背景上，如图7-330所示。

步骤23 重复步骤9~步骤13的操作，表现水晶项链的光泽感。这样就完成了水晶项链的绘制，整体效果如图7-331所示。

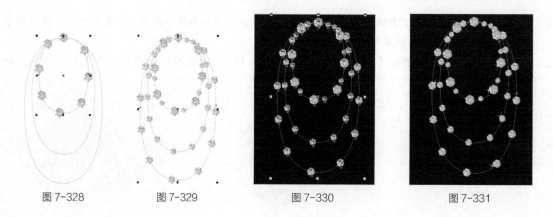

图 7-328　　　　图 7-329　　　　　　图 7-330　　　　　　图 7-331

7.8　眼镜的设计

眼镜的整体效果如图7-332所示。

图 7-332

步骤1 打开CorelDRAW软件，执行菜单栏中的【文件】/【新建】命令，或使用【Ctrl】+【N】组合键，设定纸张大小为A4，横向摆放，如图7-333所示。

图 7-333

步骤2 使用贝塞尔工具 和形状工具 绘制镜片，如图7-334所示。

步骤3 单击工具箱中的渐变工具 ，在弹出的"渐变填充"对话框中选择"线性""双色"渐变，从深棕色CMYK值为（80，85，100，0）到白色渐变，各项参数设置如图7-335所示。

步骤4 单击"确定"按钮，得到的效果如图7-336所示。

图 7-334

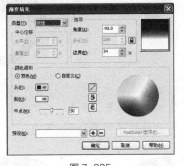
图 7-335

图 7-336

步骤5 按【F12】键弹出"轮廓笔"对话框，设置轮廓宽度为1.5mm，轮廓色彩为橄榄绿色，CMYK值为（42，42，89，25），如图7-337所示，单击"确定"按钮。得到的效果如图7-338所示。

步骤6 单击选择工具，按【+】键复制图形，在属性栏中设置轮廓宽度为 3.5 mm，单击调色板中的☒去除图形颜色，得到的效果如图7-339所示。

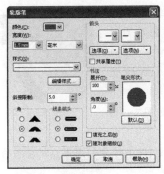
图 7-337

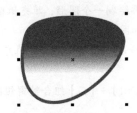
图 7-338

图 7-339

步骤7 执行菜单栏中的【排列】/【将轮廓转换为对象】命令，在属性栏中设置轮廓宽度为 1.0 mm，并填充深蓝色，CMYK值为（85，70，40，0），得到的效果如图7-340所示。

步骤8 使用贝塞尔工具和形状工具绘制镜片上的高光部分，如图7-341所示。

步骤9 单击调色板中的白色填充色彩，鼠标右键单击调色板中的☒去除轮廓色，得到的效果如图7-342所示。

图 7-340

图 7-341

图 7-342

步骤10 使用贝塞尔工具和形状工具绘制眼镜脚，在属性栏中设置轮廓宽度为 1.0 mm，并填充深蓝色，CMYK值为（85，70，40，0），得到的效果如图7-343所示。

步骤11 执行菜单栏中的【排列】/【顺序】/【到页面后面】命令，得到的效果如图7-344所示。

步骤12 使用选择工具框选图形，按【+】键复制图形，单击属性栏中的"水平镜像"按钮把复制的图形向右平移到图7-345所示的位置。

图 7-343

图 7-344

步骤13 使用贝塞尔工具和形状工具绘制眼镜鼻架，在属性栏中设置轮廓宽度为，并填充深蓝色，CMYK值为（85，70，40，0），得到的效果如图7-346所示。

图 7-345

图 7-346

步骤14 选择椭圆形工具，按住【Ctrl】键在镜架上绘制一个圆形，在属性栏中设置轮廓宽度为，并填充中黄色，CMYK值为（25，30，95，0），轮廓为橄榄绿色，CMYK值为（42，42，89，25），如图7-347所示。

步骤15 使用椭圆形工具，按住【Ctrl】键再绘制一个圆形，填充橄榄绿色，CMYK值为（42，42，89，25），得到的效果如图7-348所示。

图 7-347

步骤16 使用椭圆形工具，按住【Ctrl】键分别绘制两个圆形，填充白色，如图7-349所示。

步骤17 使用选择工具框选4个圆形，按【Ctrl】+【G】组合键群组图形。按【+】键复制图形，把复制的图形向右平移，如图7-350所示。

图 7-348

图 7-349

图 7-350

步骤18 按【Ctrl】+【D】组合键重复上一步操作，复制两个图形，得到的效果如图7-351所示。

步骤19 使用选择工具框选所有图形，按【Ctrl】+【G】组合键群组图形，这样就完成了眼镜的制作，整体效果如图7-352所示。

图 7-351

图 7-352

7.9　本章小结

在服饰配件中，鞋、包、袜子是必需品，其他大部分都是装饰性大于实用性。在设计服饰配件时，必须注意饰品是为服装服务的，应以适量为美。在绘制饰品时，最重要的是表现其造型和材料。

7.10　练习与思考

1. 服饰配件的含义是什么？主要包括哪些种类？
2. 设计并绘制一款时尚的帽子。
3. 设计并绘制一款金属材质的首饰。
4. 设计并绘制一款运动鞋。
5. 设计并绘制一款毛织披肩。
6. 设计一款时尚的太阳镜。

第 **8** 章

时装画的技法与表现

时装画是以时装为表现主体，展示人体着装后的效果、气氛，并具有一定艺术性和工艺技术性的一种特殊绘画种类，是设计师表达设计理念的一种表现手法。用CorelDRAW软件进行电脑时装绘画，可以快速地完成绘画作品，并且能够完美地表现服装的面料及款式细节，并且可以进行背景的渲染。

8.1 时装画的人体比例与动态

绘制时装画时，首先要确定的是人体的比例和动态，这样才能在人体的基础上添加服装。

标准的服装模特一般头身比例为1：8，但在时装画中为了使人物修长、画面效果漂亮，往往把人体比例拉长至1：9甚至更长。下面我们就以1：9的比例绘制人体。

步骤1 打开CorelDRAW软件，执行菜单栏中的【文件】/【新建】命令，或使用【Ctrl】+【N】组合键，设定纸张大小为A4，竖向摆放，如图8-1所示。

图 8-1

步骤2 使用手绘工具，按住【Ctrl】键绘制一条直线。按【+】键复制直线并往下平移到一定的距离，得到的效果如图8-2所示。

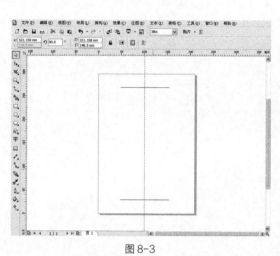

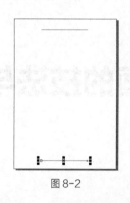

图 8-2

图 8-3

步骤3 按住鼠标左键，从左侧标尺栏往右边拖动添加一条辅助线，如图8-3所示。

步骤4 选择工具箱中的调和工具，单击上方直线，按住鼠标往下拖动至下方直线，执行调和效果，如图8-4所示。

步骤5 在属性栏中设置调和的步数为 8 ，得到的效果如图8-5所示。

步骤6 按【F12】键弹出"轮廓笔"对话框，设置各项参数，如图8-6所示。得到的效果如图8-7所示。

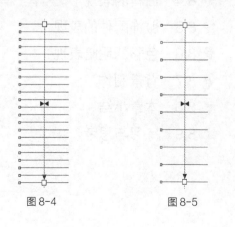

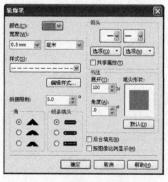

图 8-4   图 8-5   图 8-6

步骤7 按住鼠标左键，从标尺栏上方往下拖动，在图8-8所示的第2条与第3条线的正中间添加一条锁骨线辅助线。

步骤8 使用椭圆形工具在图8-9所示的位置绘制人体头部轮廓。

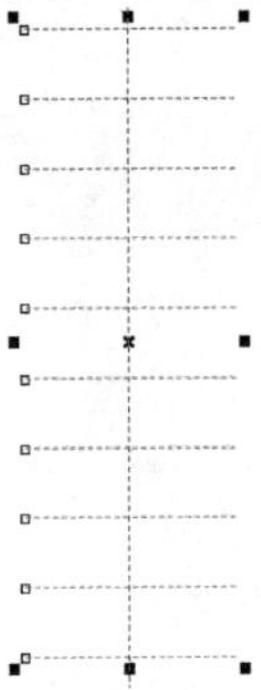

图8-7

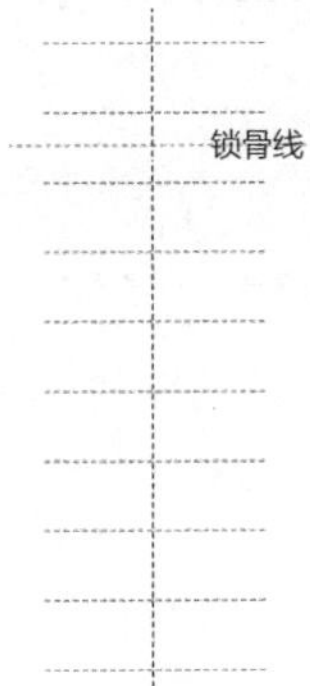

图8-8

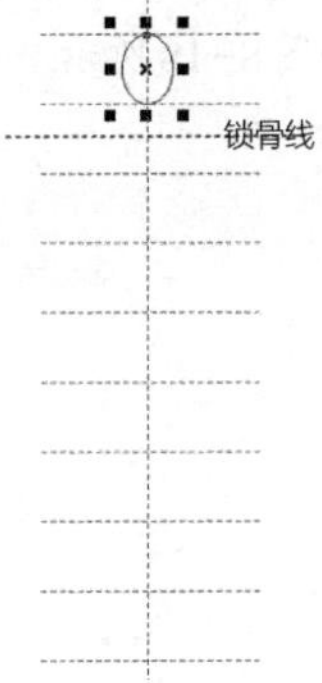

图8-9

步骤9 使用矩形工具在图8-10所示的位置绘制颈部轮廓。

步骤10 使用矩形工具在图8-11所示的位置绘制胸部轮廓。

步骤11 使用矩形工具在图8-12所示的位置绘制腰部轮廓。

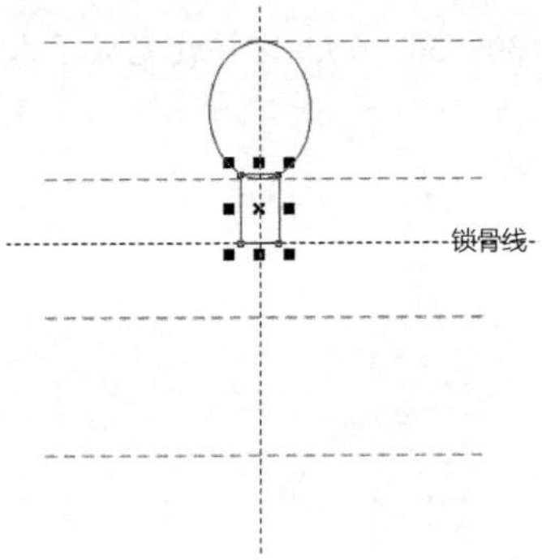

图8-10

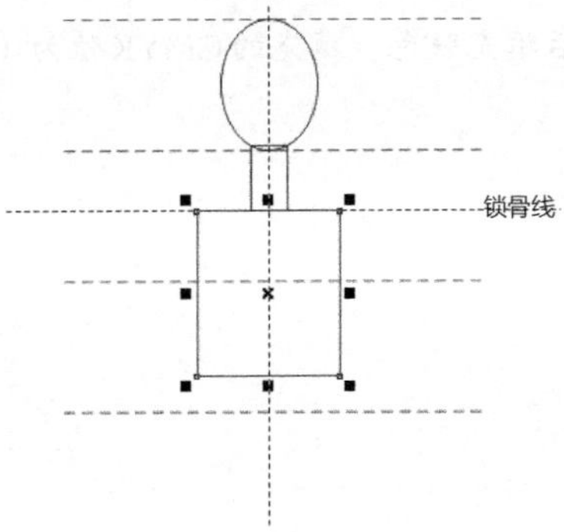

图8-11

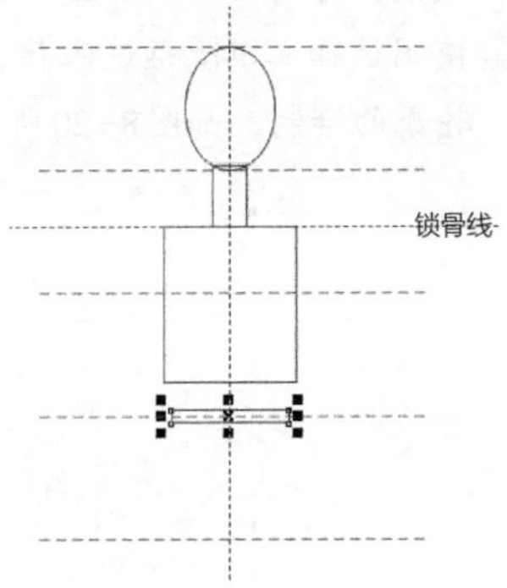

图8-12

步骤12 使用矩形工具在图8-13所示的位置绘制髋部轮廓。

步骤13 使用矩形工具在图8-14所示的位置绘制左侧腿部轮廓。

步骤14 使用贝塞尔工具在图8-15所示的位置绘制脚部轮廓。

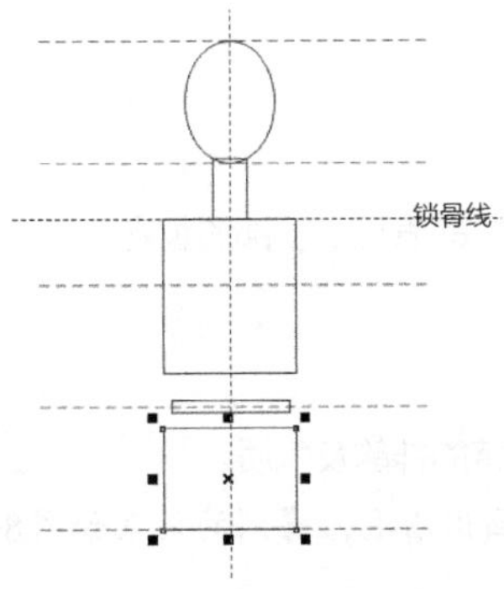

图8-13

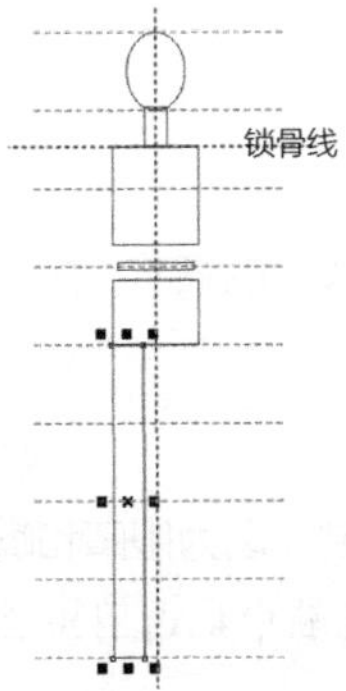

图8-14

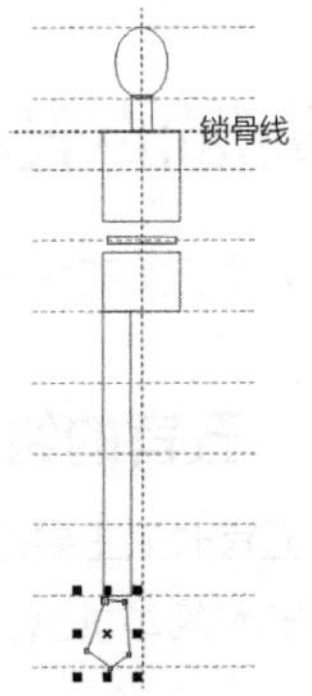

图8-15

步骤15 使用选择工具框选图形，按【+】键复制，单击属性栏中的“水平镜像”按钮，并把复制的图形平移到一定的位置，如图8-16所示。

步骤16 重复步骤13~步骤15的操作，绘制人体的手部轮廓，这样就完成了整个人体轮廓的绘制，得到的效果如图8-17所示。

步骤17 选择图形，执行菜单栏中的【排列】/【转换为曲线】命令，使用形状工具 修改人体动态，得到的效果如图8-18所示。

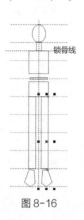
图 8-16

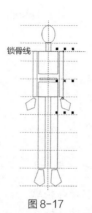
图 8-17

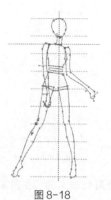
图 8-18

步骤18 执行菜单栏中的【编辑】/【全选】/【辅助线】命令，按【Delete】键删除辅助线，再删除多余的背景线条，得到的效果如图8-19所示。

步骤19 使用选择工具 框选人体，然后填充肤色，填充的CMYK值为（2，30，36，0），这样就完成了人体轮廓的绘制，如图8-20所示。

图 8-19

图 8-20

8.2 头部的表现

完成了人体轮廓的绘制之后，需要重点描绘头部的细节，如五官的绘制、头发的表现及脸部的妆容。

8.2.1 五官的绘制

在绘制五官时最主要的是对眼睛和嘴巴的绘制，因为眼睛和嘴巴最能表现模特的神韵及气质。

步骤1 单击艺术笔工具 ，在属性栏中的艺术笔触中挑选图8-21所示的笔刷画出眉毛，得到的效果如图8-22所示。

图 8-21

步骤2 使用贝塞尔工具 和形状工具 绘制眼眶和睫毛，如图8-23所示。

步骤3 使用选择工具 框选眉毛、眼眶和睫毛，单击调色板中的黑色 ，得到的效果如图8-24所示。

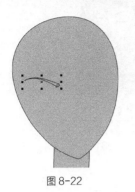
图8-22

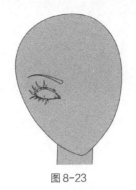
图8-23

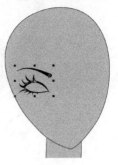
图8-24

步骤4 按【+】键复制图形，单击属性栏中的"水平镜像"按钮 ，把图形向右平移到一定的位置，在属性栏中设置图形旋转角度为 196.5 ，得到的效果如图8-25所示。

步骤5 使用贝塞尔工具 和形状工具 绘制嘴唇，如图8-26所示。

步骤6 单击调色板中的红色 ，鼠标右键单击调色板中的按钮 ，得到的效果如图8-27所示。

图8-25

图8-26

图8-27

▶▶ 8.2.2 发型的绘制

步骤1 使用贝塞尔工具 和形状工具 绘制头发的造型，如图8-28所示。

步骤2 使用贝塞尔工具 和形状工具 绘制图8-29所示的卷发发梢。

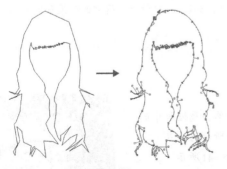
图8-28

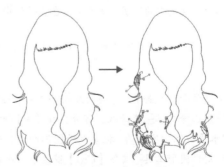
图8-29

步骤3 使用选择工具 全选图形，单击属性栏中的"合并"按钮 结合图形。给头发填充颜色，填色的CMYK值为（0，100，60，0），得到的效果如图8-30所示。

步骤4 选中发型，把图形摆放在图8-31所示的位置。

图 8-30

图 8-31

8.2.3 脸部妆容的绘制

图 8-32

步骤1 使用贝塞尔工具 🖊 和形状工具 🖊 绘制图 8-32 所示的眼影。

步骤2 单击调色板中的绿色按钮 ▣ 填充颜色，选择工具箱中的透明度工具 🖢，在属性栏中设置各项参数，如图 8-33 所示。得到的效果如图 8-34 所示。

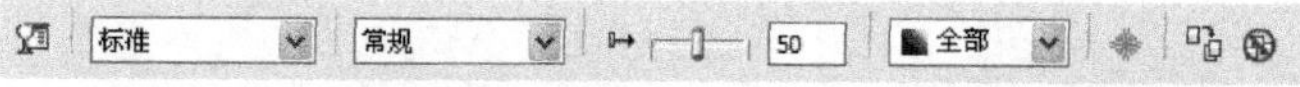

图 8-33

步骤3 执行菜单栏中的【排列】/【顺序】/【置于此对象后】命令，把眼影置于眼眶后部，鼠标右键单击调色板中的按钮 ☒，得到的效果如图 8-35 所示。

步骤4 重复步骤1的操作绘制第二重眼影，填充的色彩为白色，如图 8-36 所示。

图 8-34

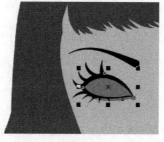

图 8-35

图 8-36

步骤5 选择工具箱中的透明度工具 🖢，在属性栏中设置各项参数，如图 8-37 所示，得到的效果如图 8-38 所示。

图 8-37

步骤6 重复步骤3的操作，得到的效果如图 8-39 所示。

步骤7 使用选择工具 🖢 选择眼影部分，按【+】键复制，然后单击属性栏中的"水平镜像"按钮 ▣，把复制的图形向右移动到图 8-40 所示的位置。

步骤8 使用椭圆形工具 ⚪ 按住【Ctrl】键绘制一个圆形，如图 8-41 所示。

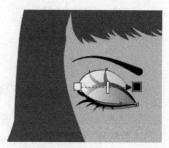

图 8-38

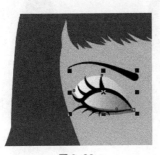

<table><tr><td>图 8-39</td><td>图 8-40</td><td>图 8-41</td></tr></table>

步骤9 单击调色板中的浅蓝光紫色CMYK值为（0，40，0，0），鼠标右键单击调色板中的⊠按钮，得到的效果如图8-42所示。

步骤10 执行菜单栏中的【位图】/【转换为位图】命令，弹出"转换为位图"对话框，各项参数设置如图8-43所示。

步骤11 单击"确定"按钮，得到的效果如图8-44所示。

<table><tr><td>图 8-42</td><td>图 8-43</td><td>图 8-44</td></tr></table>

步骤12 执行菜单栏中的【位图】/【模糊】/【高斯式模糊】命令，弹出"高斯式模糊"对话框，各项参数设置如图8-45所示，单击"确定"按钮。得到的效果如图8-46所示。

步骤13 按【+】键复制图形，把复制图形向右平移到一定的位置，如图8-47所示，这样腮红效果就完成了。

<table><tr><td>图 8-45</td><td>图 8-46</td><td>图 8-47</td></tr></table>

8.3 着衣的步骤

完成了头部的细节描绘之后，现在开始给人体着装。绘制服装时要注意着衣的步骤，一般是从上到下，从左至右。

步骤1 使用贝塞尔工具和形状工具绘制不对称式连衣裙，如图8-48所示。

步骤2 执行菜单栏中的【排列】/【顺序】/【置于此对象后】命令，把裙子放置在左手后面，如图8-49所示。

步骤3 使用贝塞尔工具和形状工具绘制裙子的内层纱，如图8-50所示。

步骤4 执行菜单栏中的【排列】/【顺序】/【置于此对象后】命令，把纱放置在左腿后面，如图8-51所示。

步骤5 重复步骤1和步骤2的操作，绘制裙子的外层纱，得到的效果如图8-52所示。

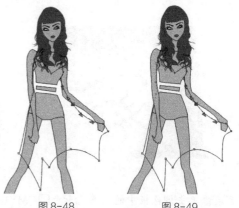

图 8-48　　　　　　图 8-49

图 8-50

图 8-51

图 8-52

8.4 面料的表现

用线条描绘完服装之后，接下来要表现服装面料的质感，不同的面料表现的方法也不同。

步骤1 使用选择工具选择裙子，单击工具箱中的图样填充工具 图样填充，弹出"图样填充"对话框，各项参数设置如图8-53所示。

步骤2 单击"确定"按钮，得到的效果如图8-54所示。

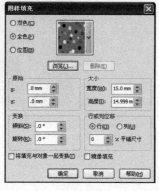

图 8-53

图 8-54

步骤3 选择裙子的内层纱，填充浅橙色，填色的CMYK值为（11，77，96，0）。单击工具箱中的透明度工具，在属性栏中设置各项参数，如图8-55所示。得到的效果如图8-56所示。

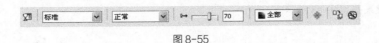

图 8-55

步骤4 重复上一步操作，绘制外层纱，得到的效果如图8-57所示。

步骤5 使用选择工具🔖挑选裙子和两层纱，单击调色板中的按钮⊠，得到的效果如图8-58所示。

图 8-56   图 8-57   图 8-58

8.5 服饰配件的表现

当完成服装的整体效果之后，接下来要细致地表现服饰配件（如腰带、包、首饰等）。

▶▶ 8.5.1 腰带

步骤1 使用贝塞尔工具🖊和形状工具🖊绘制图8-59所示的腰带造型。

步骤2 使用手绘工具🖊和形状工具🖊绘制腰带上的4条缉明线，在属性栏中设置轮廓宽度为 △.18 mm ▾，如图
8-60所示。

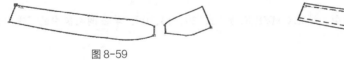

图 8-59

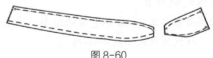

图 8-60

步骤3 使用椭圆形工具⊙按住【Ctrl】键绘制一个圆形，按【+】键复制，按住【Shift】等比例缩小圆形，如
图8-61所示。

步骤4 使用选择工具🔖框选两个圆形，单击属性栏中的"合并"按钮🔗结合图形，执行菜单栏中的【排列】/
【顺序】/【置于此对象后】命令，把图形放置在腰带后面，如图8-62所示。

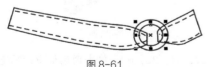

图 8-61

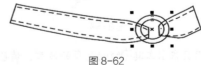

图 8-62

步骤5 使用贝塞尔工具🖊和形状工具🖊绘制图8-63所示的腰带流苏。

步骤6 执行菜单栏中的【排列】/【顺序】/【置于此对象后】命令，把流苏放置在腰带后面，如图8-64所示。

步骤7 使用选择工具🔖全选图形，按【Ctrl】+【G】组合键群组图形。按【F12】键弹出"轮廓笔"对话框，
设置轮廓宽度为0.18mm。单击调色板中的霓虹粉色🟪，CMYK值为（0，100，80，0），给腰带填充颜

色，得到的效果如图8-65所示。

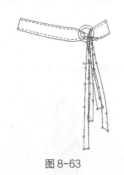

图 8-63

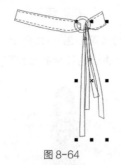

图 8-64

图 8-65

步骤8 选择腰带，把它摆放在图8-66所示的腰部位置。

步骤9 执行菜单栏中的【排列】/【顺序】/【置于此对象后】命令，把腰带放置在左手后面，如图8-67所示。

图 8-66

图 8-67

▶▶ 8.5.2 包

步骤1 使用贝塞尔工具绘制包的造型，填色CMYK值为（34，80，35，0），单击调色板中的⊠使图形无轮廓，如图8-68所示。

步骤2 使用贝塞尔工具绘制包袋的造型，填色CMYK值为（2，39，13，0），单击调色板中的⊠使图形无轮廓，得到的效果如图8-69所示。

图 8-68

图 8-69

步骤3 使用贝塞尔工具绘制包袋的造型，填色CMYK值为（22，64，22，0），单击调色板中的⊠使图形无轮廓，得到的效果如图8-70所示。

步骤4 使用椭圆形工具绘制圆点图案，执行菜单栏中的【效果】/【图框精确剪裁】/【置于图文框内部】命令，把图案放置在包袋中，如图8-71所示。

步骤5 使用手绘工具和形状工具绘制两条包带，如图8-72所示。

图 8-70

图 8-71

图 8-72

步骤6 选择包带，按【F12】键弹出"轮廓笔"对话框，设置轮廓宽度为 ，填色的CMYK值为（60，0，40，40），执行菜单栏中的【排列】/【顺序】/【置于此对象后】命令，把包带放置在包身后面，得到的效果如图8-73所示。

步骤7 使用选择工具 全选图形，按【Ctrl】+【G】组合键群组图形，把它摆放在图8-74所示的位置。

步骤8 执行菜单栏中的【排列】/【顺序】/【置于此对象后】命令，把包放置在左手后面，如图8-75所示。

图 8-73

图 8-74

图 8-75

▶▶ 8.5.3 首饰

步骤1 单击工具箱中的矩形工具 ，绘制一个矩形。在属性栏中设置对象大小，输入矩形大小为 ，在属性栏中设置矩形圆角角度为 ，如图8-76所示。

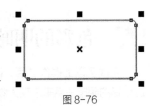
图 8-76

步骤2 单击工具箱中的渐变填充工具 ，在弹出的"渐变填充"对话框中选择"线性"渐变，如图8-77所示，其中主要控制点的位置和颜色参数分别如下。

位置：0　　　　　　颜色：CMYK值（0，20，100，0）

位置：19　　　　　 颜色：CMYK值（0，0，0，0）

位置：25　　　　　 颜色：CMYK值（0，0，100，0）

位置：51　　　　　 颜色：CMYK值（0，20，100，0）

位置：70　　　　　 颜色：CMYK值（0，0，100，0）

位置：77　　　　　 颜色：CMYK值（0，0，0，0）

位置：81　　　　　 颜色：CMYK值（0，0，36，0）

位置：100　　　　　颜色：CMYK值（0，0，100，0）

完成的渐变效果如图8-78所示。

图 8-77

步骤3 按【+】键复制图形，并把复制的图形向上平移到一定的位置，如图8-79所示。

步骤4 按【Shift】键往内缩小图形，得到的效果如图8-80所示。

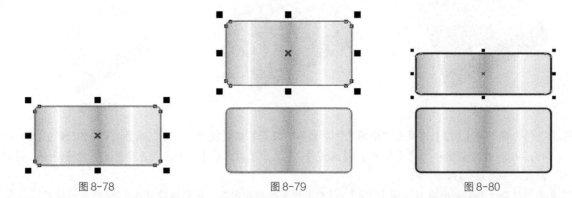

图8-78　　　　　　　　　　　图8-79　　　　　　　　　　　图8-80

步骤5 使用选择工具框选图形，按【+】键复制。执行菜单栏中的【排列】/【顺序】/【向后一层】命令，单击调色板中的黑色并把复制的图形向右移动到一定的位置，得到的效果如图8-81所示。

步骤6 使用选择工具全选图形，按【Ctrl】+【G】组合键群组图形，然后把图形移动到图8-82所示的手部位置。

步骤7 在属性栏中设置图形的旋转角度为 6.5 °，这样就完成了手镯的绘制，如图8-83所示。

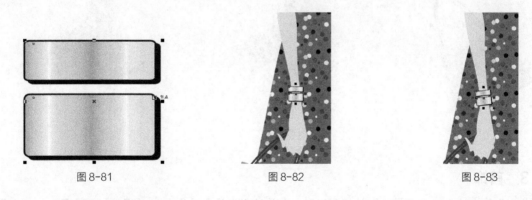

图8-81　　　　　　　　　　　图8-82　　　　　　　　　　　图8-83

8.6 色彩的明暗表现

完成了以上操作之后，时装画的人体还是缺乏立体感，下面我们通过色彩的明暗关系来表现人物体积感。

步骤1 选择人体，单击调色板中的⊠去除轮廓线，得到的效果如图8-84所示。

步骤2 使用贝塞尔工具和形状工具绘制手臂的阴影部分，如图8-85所示。

步骤3 单击均匀填充工具■均匀填充，弹出"均匀填充"对话框，设置填色的CMYK值为（6，42，53，0），单击调色板中的⊠去除轮廓线，并放置在手镯下面，得到的效果如图8-86所示。

步骤4 重复步骤2和步骤3的操作，绘制右手臂、胸部的阴影效果，得到的效果如图8-87所示。

图8-84　　　　　图8-85

步骤5 重复步骤2和步骤3的操作，绘制腿部阴影效果，得到的效果如图8-88所示。

步骤6 使用选择工具全选图形，按【Ctrl】+【G】组合键群组图形，如图8-89所示。

图 8-86　　　　　　　图 8-87　　　　　　　　　图 8-88　　　　　　　　图 8-89

8.7　背景制作

　　为了使人物画面效果更突出，可以给时装画添加背景。需要注意的是，如果是浅色服装则要添加深色背景，如果是深色服装则反之，这样才能更好地突出人物和服装。

步骤1　单击工具箱中的矩形工具 ▢，绘制一个矩形。在属性栏中设置对象大小，输入矩形大小为 ⛛ 175.0 mm / ⛛ 285.0 mm，填充黑色，如图 8-90 所示。

步骤2　执行菜单栏中的【排列】/【顺序】/【向后一层】命令，得到的效果如图 8-91 所示。

图 8-90　　　　　　　　　　　　　　　　　图 8-91

步骤3　使用贝塞尔工具 ✎ 和形状工具 ⬦ 绘制图 8-92 所示的图形。

步骤4　单击工具箱中的渐变填充工具 ▣ 渐变填充，在弹出的"渐变填充"对话框中选择"射线""自定义"渐变，如图 8-93 所示，其中主要控制点的位置和颜色参数分别如下。

位置：0　　　　　　　颜色：CMYK 值（0，25，0，0）

位置：20　　　　　　颜色：CMYK 值（0，62，0，0）

位置：73　　　　　　颜色：CMYK 值（0，100，0，0）

位置：97　　　　　　颜色：CMYK 值（0，100，0，0）

位置：100　　　　　颜色：CMYK 值（0，100，0，0）

完成的渐变效果如图 8-94 所示。

步骤5　选择工具箱中的透明度工具 ⚏，在属性栏中的各项参数设置如图 8-95 所示，单击调色板中的 ⊠ 去除轮廓线，得到的效果如图 8-96 所示。

图 8-92　　　　　　　　　　　図 8-93　　　　　　　　　　　図 8-94

图 8-95

步骤 6　使用贝塞尔工具 和形状工具 绘制图 8-97 所示的图形。

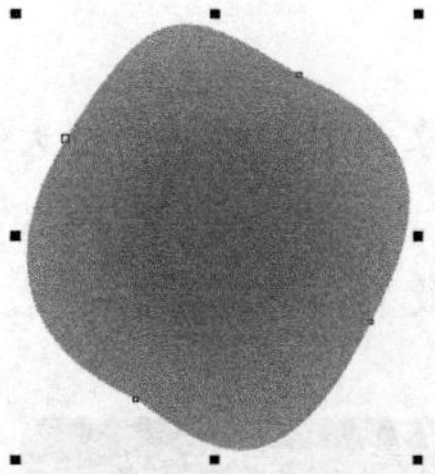

图 8-96 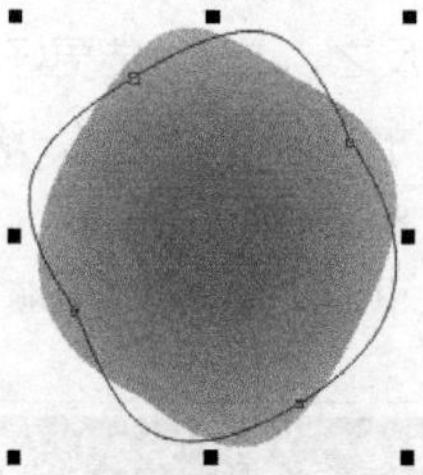　　　　　　　　　　　图 8-97

步骤 7　单击工具箱中的渐变填充工具 渐变填充 ，在弹出的"渐变填充"对话框中选择"辐射""自定义"渐变，
　　　　如图 8-98 所示，其中主要控制点的位置和颜色参数分别如下。

位置：0　　　　　　　颜色：CMYK 值（0，25，0，0）
位置：20　　　　　　颜色：CMYK 值（0，62，0，0）
位置：73　　　　　　颜色：CMYK 值（0，100，0，0）
位置：97　　　　　　颜色：CMYK 值（0，100，0，0）
位置：100　　　　　颜色：CMYK 值（62，81，57，7）

完成的渐变效果如图 8-99 所示。

图 8-98 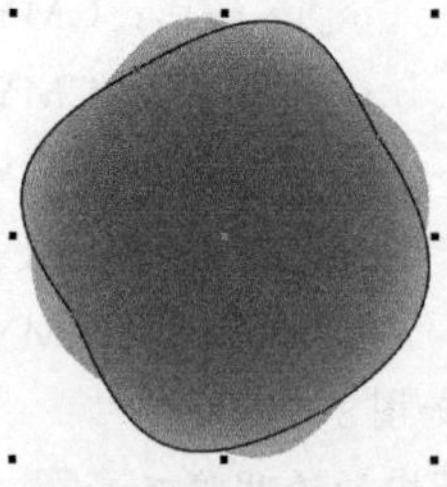　　　　　　　　　　　图 8-99

步骤 8　选择工具箱中的透明度工具 ，在属性栏中设置各项参数，如图 8-100 所示。单击调色板中的⊠去除

轮廓线，得到的效果如图8-101所示。

图8-100

步骤9 重复步骤3~步骤8的操作，绘制多层花瓣，得到的效果如图8-102所示。

步骤10 使用选择工具 ▷框选图形，按【Ctrl】+【G】组合键群组图形，如图8-103所示。

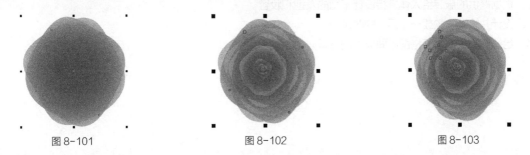

图8-101　　　　　　　　图8-102　　　　　　　　图8-103

步骤11 反复按【+】键复制图形，并把复制的图形摆放到一定的位置，如图8-104所示。

步骤12 使用选择工具 ▷全选所有的花形，按【Ctrl】+【G】组合键群组图形，然后把图形摆放到图8-105所示的位置。

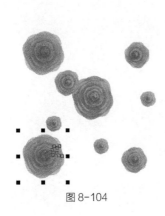

图8-104　　　　　　　　　　　　　　　图8-105

步骤13 选择工具箱中的透明度工具 ☑，在属性栏中设置各项参数，如图8-106所示。

图8-106

步骤14 执行菜单栏中的【排列】/【顺序】/【向后一层】命令，这样就完成了时装画的背景绘制，整体效果如图8-107所示。

图8-107

8.8 本章小结

　　CorelDRAW绘制的时装画具有一定的艺术欣赏价值，而且打破了传统手工绘制时装画的局限性，例如，可以通过照片、实物、图形的拼接或变形处理，制造特殊的视觉艺术效果。在服饰的表现上，可以完美地再现各种材质和面料，但要注意的是时装画始终是以时装为表现中心，切勿喧宾夺主。

8.9　练习与思考

1. 绘制一款人体并设计合理的动态。
2. 根据提供的服装给人体模特设计不同的发型和妆容。
3. 设计并绘制一款或一个系列的时装画。
4. 给绘制好的时装画搭配不同风格的背景。

服装各部位的名称图解

一、上装

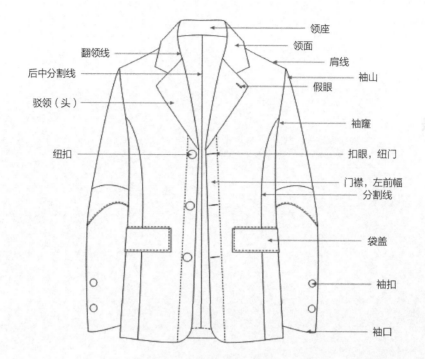

领座
领面
肩线
袖山
假眼
袖窿
扣眼，纽门
门襟，左前幅
分割线
袋盖
袖扣
袖口

翻领线
后中分割线
驳领（头）
纽扣

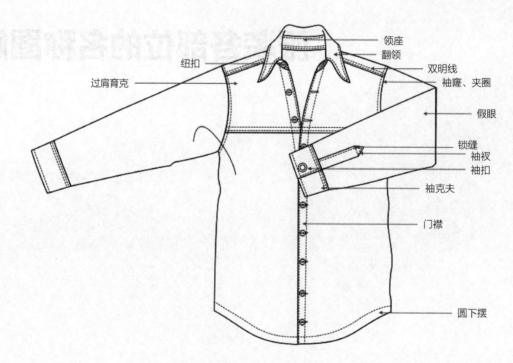

领座
翻领
双明线
袖窿、夹圈
假眼
锁缝
袖衩
袖扣
袖克夫
门襟
圆下摆

纽扣
过肩育克

二、下装

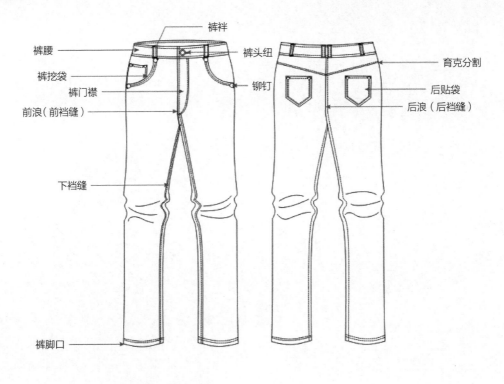

裤衽

裤腰
裤挖袋
裤门襟
前浪（前裆缝）

裤头纽
铆钉

育克分割
后贴袋
后浪（后裆缝）

下裆缝

裤脚口

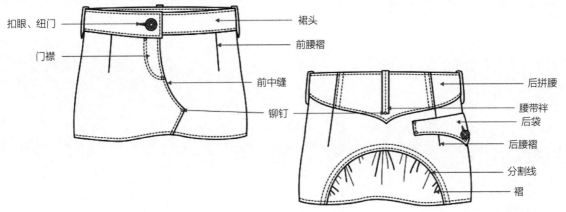

扣眼、纽门
门襟

裙头
前腰褶
前中缝
铆钉

后拼腰
腰带衽
后袋
后腰褶
分割线
褶